工程施工图识读入门系列丛书

通风空调施工图识读入门

本书编写组　编

中国建材工业出版社

图书在版编目(CIP)数据

通风空调施工图识读入门/《通风空调施工图识读
入门》编写组编 . —北京：中国建材工业出版社，
2012.10

（工程施工图识读入门系列丛书）

ISBN 978 - 7 - 5160 - 0302 - 2

Ⅰ . ①通… Ⅱ . ①通… Ⅲ . ①通风设备-建筑安装-
识图②空气调节设备-建筑安装-识图 Ⅳ . ①TU83

中国版本图书馆 CIP 数据核字(2012)第 224656 号

通风空调施工图识读入门

本书编写组 编

出版发行：中国建材工业出版社

地　　址：北京市西城区车公庄大街 6 号

邮　　编：100044

经　　销：全国各地新华书店

印　　刷：北京紫瑞利印刷有限公司

开　　本：850mm×1168mm　1/32

印　　张：10.5

字　　数：323 千字

版　　次：2012 年 10 月第 1 版

印　　次：2012 年 10 月第 1 次

定　　价：28.00 元

本社网址：www.jccbs.com.cn

本书如出现印装质量问题，由我社发行部负责调换。电话：(010)88386906

对本书内容有任何疑问及建议，请与本书责编联系。邮箱：dayi51@sina.com

内 容 提 要

本书根据最新《房屋建筑制图统一标准》（GB/T 50001—2010）和《暖通空调制图标准》（GB/T 50114—2010）进行编写，详细介绍了通风空调工程施工图识读的基础理论和方法。全书主要内容包括概论，投影和视图，通风空调工程制图基础，通风空调系统加工图绘制，管道工程图识读，供暖施工图识读，通风与防火、排烟施工图识读，建筑空调系统施工图识读，计算机制图等。

本书在编写内容上选取了施工图识读入门的基础知识，在叙述上尽量做到浅显易懂，可供通风空调工程施工技术与管理人员使用，也可供高等院校相关专业师生学习时参考。

通风空调施工图识读入门

编 写 组

主　编：蒋林君

副主编：汪永涛　甘信忠

编　委：高会芳　李良因　马　静　张才华

　　　　梁金钊　张婷婷　孙邦丽　许斌成

　　　　何晓卫　秦大为　孙世兵　徐晓珍

　　　　刘海珍　葛彩霞

前　言

众所周知，无论是建造一幢住宅、一座公园还是一架大桥，都需要首先画出工程图样，其后才能按图施工。所谓工程图样，就是在工程建设中，为了正确地表达建筑物或构筑物的形状、大小、材料和做法等内容，将建筑物或构筑物按照投影的方法和国家制图统一标准表达在图纸上。工程图样是"工程界的技术语言"，是工程规划设计、施工不可或缺的工具，是从事生产、技术交流不可缺少的重要资料。工程技术人员在进行相关施工技术与管理工作时，首先要必须读懂施工图样。工程施工图的识读能力，是工程技术人员必须掌握的最基本的技能。

近年来，为了适应科学技术的发展，统一工程建设制图规则，保证制图质量，提高制图效率，做到图面清晰、简明，符合设计、施工、审查、存档的要求，满足工程建设的需要，国家对工程建设制图标准规范体系进行了修订与完善，新修订的标准规范包括《房屋建筑制图统一标准》（GB/T 50001—2010）、《总图制图标准》（GB/T 50103—2010）、《建筑制图标准》（GB/T 50104—2010）、《建筑结构制图标准》（GB/T 50105—2010）、《建筑给水排水制图标准》（GB/T 50106—2010）、《暖通空调制图标准》（GB/T 50114—2010）等。《工程施工图识读入门系列丛书》即是以工程建设领域最新标准规范为编写依据，根据各专业的制图特点，有针对性地对工程建设各专业施工图的内容与识读方法进行了细致地讲解。丛书在编写内容上，选取了入门基础知识，在叙述上尽量做到通俗易懂，以方便读者轻松地掌握工程图识读的基本要领，能够初步进行相关图纸的阅读，从而为能更好的工作和今后进一步深入学习打好基础。

丛书的编写内容包括各种投影法的基本理论与作图方法，各专业工程的相关图例，各专业工程施工相关知识，以及各专业施工图识读的方法与示例，在内容上做到基础知识全面、易学、易掌握，以满足初学者对施工图识读入门的需求。

本套丛书包括以下分册：

(1) 建筑工程施工图识读入门

(2) 建筑电气施工图识读入门

(3) 水暖工程施工图识读入门

(4) 通风空调施工图识读入门

(5) 市政工程施工图识读入门

(6) 装饰装修施工图识读入门

(7) 园林绿化施工图识读入门

(8) 水利水电施工图识读入门

本套丛书的编写人员大多是具有丰富工程设计与施工管理工作经验的专家学者，丛书内容是他们多年实践工作经验的积累与总结。丛书编写过程中参考或引用了部分单位和个人的相关资料，在此表示衷心感谢。尽管丛书编写人员已尽最大努力，但丛书中错误及不当之处在所难免，敬请广大读者批评、指正，以便及时修订与完善。

编　者

目　　录

第一章 概　　论

第一节　房屋建筑基本构造

一、民用建筑的构造组成

建筑物自下而上第一层称底层或首层,最上一层称顶层,底层和顶层之间的若干层可依次称为二层、三层……或统称为"标准层",也可称为"中间层"。其组成通常包括:基础、墙或柱、楼地层(楼板与楼地面)、楼梯、屋顶和门窗等六大组成部分,如图 1-1 所示。它们分别处在同一房间中不同的位置,发挥着各自应有的作用。在这些建筑物的基本组成中,基础、墙和柱、楼板、屋顶等是建筑物的主要组成部分,门窗、楼梯、地面等是建筑物的附属部分。

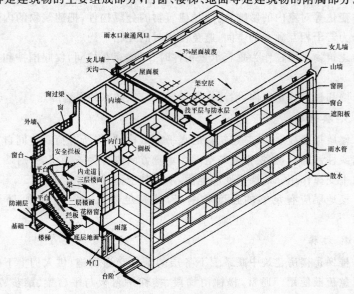

图 1-1　房屋的组成

房屋各组成部分的作用及构造要求如下：

1. 基础

基础是房屋埋在地面以下、地基以上的承重构件。其承受建筑物的全部荷载，并把荷载传给下面的土层——地基。基础应坚固、稳定、耐水、耐腐蚀、耐冰冻，不应早于地面以上部分先破坏。

工程中用做地基的土壤有：砂土、黏土、碎石土、杂填土及岩石。

地基分为天然地基和人工地基两大类。用自然土层做地基的称天然地基；经过人工加固处理的地基称人工地基。常用的人工地基有：压实地基、换土地基和桩基。

2. 墙或柱

基础之上的墙体或立柱，是建筑物垂直方向的承重构件。对于墙承重结构的建筑来说，墙承受屋顶和楼地层传给它的荷载，并把这些荷载连同自重传给基础。按墙的位置不同，有外墙和内墙之分，凡位于房屋四周的墙称为外墙，其中在房屋两端的墙称山墙，与屋檐平行的墙称檐墙；凡位于房屋内部的墙称内墙。另外，与房屋长轴方向一致的墙称纵墙，与房屋短轴方向一致的墙称横墙。外墙是建筑物的维护构件，抵御风、雨、雪、温差变化等对室内的影响；内墙是建筑物的分隔构件，把建筑物的内部空间分为若干相互独立的空间，避免使用时的互相干扰。

建筑物采用柱作为垂直承重构件时，墙填充在柱间，仅起围护和分隔作用。

墙和柱应稳定坚固，墙还应重量轻、隔声、防水和保温隔热。

3. 楼地层

楼层指楼板层，其是建筑物的水平承重构件，将所有荷载连同自重传给墙或柱。同时，楼层把建筑空间在垂直方向划分为若干层，并对墙或柱起水平支撑作用。地层指底层地面，承受其上荷载并传给地基。

楼地层应有足够的强度和刚度，并满足防水、隔声、隔热、防水等要求。

4. 楼梯

楼梯是楼房建筑中联系上下各层的垂直交通设施，供人们上下楼层和紧急疏散使用。通常，楼梯由梯段、楼梯平台板与平台梁、踏步、栏杆（栏板）与扶手组成。根据建筑物功能需要，还可设置电梯、坡道、自动扶梯等垂直交通设施。楼梯应坚固、稳定并有足够的疏散能力。

5. 屋顶

屋顶是建筑物顶部的承重和围护结构。通常,屋顶由支承构件(结构层)、屋面层和附加层组,承受作用在其上的荷载并传给墙或柱,主要起覆盖、排除雨水和积雪,以及保温、隔热的作用;同时,屋顶形式对建筑物的整体形象起着很重要的作用。

屋顶应有足够的强度和刚度,并满足防水、排水、保温(隔热)等要求。

6. 门窗

门窗是房屋的重要配件。门主要是供人们进出,有时兼起采光、通风等作用,其应有足够的宽度和高度;窗主要起采光和通风的作用,其应有足够的面积。门窗也是围护部件,对房屋同时起分隔、保温、隔热、防风及防水、防火作用。

根据门窗所处的位置不同,其应满足防风沙、防水、保温及隔声等要求。

上述房屋组成六大主要部分与构造要求,是建筑施工技术人员阅读图纸、读懂图纸的基础知识,也是必须熟练掌握的基本内容。

除此之外,还应了解和掌握建筑物各种配件的名称、作用和构造,包括过梁、圈梁、挑梁、台阶、阳台、雨篷、勒脚、散水、明沟、墙裙、踢脚板、天沟、檐沟、女儿墙、雨水口、水斗、雨水管、顶棚、花格、烟囱、通风道、垃圾道、卫生间、盥洗室等建筑细部构造,和相关建筑构、配件。可通过参观民用建筑物,实地考察各种房间的墙体、楼地层、楼梯、门窗等六部分组成构造及其种类形式,通过观察分析后,建立感性认识。

二、建筑物的配套设施

房屋除了结构坚固、耐久安全外,还必须安装人们生活和生产所必要的设备,如给水、排水、采暖、电气和空调等。随着科学技术的发展和人民生活水平的提高,住宅楼中一般都配置煤气系统,配置电梯的高层住宅也越来越多。限于篇幅有限,本书只讲解暖通空调工程的相关内容。

(一)通风空调工程常用术语

(1)通风:为改善生产和生活条件,采用自然或机械方法,对某一空间进行换气,以造成卫生、安全等适宜空气环境的技术。

（2）工业通风：对生产过程中的余热、余湿、粉尘和有害气体等进行控制和治理而进行的通风。

（3）自然通风：在室内外空气温差、密度和风压作用下实现室内换气的通风方式。

（4）机械通风：利用通风机械实现换气的通风方式。

（5）局部送风：以一定的速度将空气直接送到指定的地点的通风方式。包括空气淋浴和空气幕等。

（6）局部通风：为改善室内局部空间的空气环境，向该空间送入或从该空间排出空气的通风方式。

（7）局部排风：在散发着有害物质的局部地点设置排风罩捕集有害物质并将其排至室外的通风方式。

（8）通风量：单位时间内进入室内或从室内排出的空气量。

（9）进风量：单位时间内进入室内的风量。

（10）排风量：单位时间内从室内排出的风量。

（11）风量平衡：通过计算和采取相应措施使进风量与排风量相等。

（12）自然排风系统：在室内外空气温差、密度差和风压作用下，利用管道、风帽等进行自然通风的系统。

（13）风压：风流经建筑物时，在其周围形成的静压与稳定气流静压的差值。

（14）正压区：风吹向建筑物时，由于撞击作用而使其静压高于稳定气流区静压的区域。

（15）负压区：风流经建筑物时，由于气流在屋顶、侧墙和背风侧产生局部涡流，而使其静压低于稳定气流区静压的区域。

（16）粉尘：由自然力或机械力产生的、能够悬浮于空气中的固态微小颗粒。国际上将粒径小于 $75\mu m$ 的固体悬浮物定义为粉尘。在通风除尘技术中，一般将粒径为 $1\sim200\mu m$ 乃至更大粒径的固体悬浮物均视为粉尘。

（17）除尘：捕集、分离含尘气流中的粉尘等固体粒子的技术。

（18）制冷：用人工方法从一物质或空间移出热量，以便为空气调节、冷藏和科学研究等提供冷源的技术。

（19）制冷工程：制冷机及其主要设备与系统的设计、制造、应用及其操作技术的总称。

(20)制冷量:单位时间内由制冷机蒸发器中的制冷剂所移出的热量。

(21)标准制冷量:在规定的标准工况下,制冷设备的制冷量。

(22)标准工况:符合标准规定的制冷机运行条件。

(23)压缩式制冷:将电能转换成机械能,通过压缩式制冷循环达到制冷目的的制冷方式。

(24)热力制冷:直接以热能为动力通过吸收式或蒸汽喷射式制冷循环达到制冷目的的制冷方式。

(25)风管系统的工作压力:指系统风管总风管处设计的最大工作压力。

(26)空气洁净度等级:洁净空间单位体积空气中,以大于或等于被考虑粒径的粒子最大浓度限值进行划分的等级标准。

(27)隔振:利用弹性支撑使受迫振动系统降低对外激励的响应能力,也称减振。

(28)洁净度 1 级:对$\geqslant\phi0.5\mu m$微粒的计数浓度是现行 100 级的 1/100 的一个洁净度级别。

(29)洁净度 10 级:对$\geqslant\phi0.5\mu m$微粒的计数浓度是现行 100 级的 1/10 的一个洁净度级别。

(30)高效过滤器:按现行国家标准《高效空气过滤器性能试验方法效率和阻力》(GB/T 6165—2008)的方法测定,效率不低于 99.9%,即透过率不高于 0.1%的空气过滤器。

(31)超高效过滤器,对 $\phi0.1\mu m$ 微粒的计数效率不低于 99.999%,即透过率不高于 0.001%的空气过滤器。

(32)单向流:沿平行流线,以一定流速向单一方向流动的气流,习惯称层流。

(33)空气洁净度:洁净空气环境中空气含尘量多少的程度。

(34)咬口:金属薄板边缘弯曲成一定形状,用于相互固定连接的构造。

(35)漏风量:风管系统中,在某一静压下通过风管本体结构及其接口,单位时间内泄出或渗入的空气体积量。

(36)系统风管允许漏风量:按风管系统类别所规定平均单位面积、单位时间内的最大允许漏风量。

(37)漏风率:空调设备、除尘器等,在工作压力下空气渗入或泄漏量与其额定风量的比值。

(38)漏光检测:用强光源对风管的咬口、接缝、法兰及其他连接处进行透光检查,确定孔洞、缝隙等渗漏部位及数量的方法。

(39)空态:洁净室的设施已经建成,所有动力接通并运行,但无生产设备、材料及人员在场。

(40)静态:洁净室的设施已经建成,生产设备已经安装,并按业主及供应商同意的方式运行,但无生产人员。

(41)动态:洁净室的设施以规定的方式运行及规定的人员数量在场,生产设备按业主及供应商双方商定的状态下进行工作。

(42)空气调节:使房间或封闭空间的空气温度、湿度、洁净度和气流速度等参数,达到给定要求的技术。

(二)暖通空调工程的组成

21世纪,健康、能源、环保已成为人们普遍关注的三大话题,通风空调工程与之密切相关,随着社会的进步和人们生活水平的提高而有了很大的发展,已成为人们生活中不可或缺的一部分。通风空调设备的主要功能是排除生活房间和生产车间的余热、余湿、有害气体和蒸汽、灰尘等,并输入经过处理的新鲜空气,创造舒适的生活和生产环境,以有益于人们的健康和工作。

1. 采暖系统

我国北方地区的建筑中一般都有"暖气"。暖气是由锅炉房通过管道将热水或蒸汽送到每幢建筑所需采暖的房间中。供蒸汽的管道要求能承受较大的压力,供热水的管道可以与给水系统的管道相同。其构造也与给水系统一样,所不同的是送至室内后要接在根据需要设置的散热器上,散热器一端为进入管,另一端为排出散热后冷却水的排出管。

2. 通风系统

通风系统按其作用范围可分为全面通风、局部通风与混合通风等形式,也可按其工艺要求分为送风系统、排风系统与除尘系统。

送风系统是用来向室内输送新鲜的或经过处理的空气。其工作流程为室外空气由可挡住室外杂物的百叶窗进入进气室,经保温阀至过滤器,由过滤器除掉空气中的灰尘,再经空气加热器将空气加热到所需的温度后被吸入通风机,经风量调节阀、风管,由送风口送入室内。

排风系统是将室内产生的污浊、高温干燥空气排到室外大气中。其主要工作流程为污浊空气由室内的排气罩吸入风管后,再经通风机排到室外的风帽而进入大气。

如果预排放的污浊空气中有害物质的排放标准超过国家制定的排放标准时,则必须经中和及吸收处理,使排放浓度低于排放标准后,再排到大气中。

除尘系统通常用于生产车间,其主要作用是将车间内含大量工业粉尘和微粒的空气进行收集处理,有效降低工业粉尘和微粒的含量,以达到排放标准。其工作流程主要是通过车间内的吸尘罩将含尘空气吸入,经风管进入除尘器除尘,随后经风机送至室外的风帽而排入大气。

3. 空气调节系统

空气调节系统保证室内空气的温度、湿度、风速及洁净度保持在一定范围内,并且不因室外气候条件和室内各种条件的变化而受影响。

空气调节系统根据不同的使用要求,可分为恒温恒湿空调系统、舒适性空调系统和除湿性空调系统。空调系统根据空气处理设备设置的集中程度可分为集中式空调系统、局部式空调系统与混合式空调系统三类。

集中式空调系统是将处理空气的空调器集中安装在专用的机房内,空气加热、冷却、加湿和除湿用的冷源和热源,由专用的冷冻站和锅炉房供给,多适用于大型空调系统。

局部式空调系统是将处理空气的冷源、空气加热加湿设备、风机和自动控制设备均组装在一个箱体内,可就近安装在空调房间,就地对空气进行处理,多用于空调房间布局分散和小面积的空调系统。

混合式空调系统有诱导式空调系统和风机盘管空调系统两类,均由集中式和局部式空调系统组成。诱导式空调系统多用于建筑空间不大且装饰要求较高的旧建筑、地下建筑、舰船、客机等场所。风机盘管空调系统多用于新建的高层建筑和需要增设空调的小面积、多房间的旧建筑等。

4. 空气洁净系统

空气洁净系统是发展现代工业不可缺少的辅助性综合系统。空气洁净系统根据洁净房间含尘浓度和生产工艺要求,按洁净室的气流流型可分为非单向流洁净室和单向流洁净室两类。又可按洁净室的构造分成整体式洁净室、装配式洁净室、局部净化式洁净室三类。

非单向流洁净室的气流流型不规则,工作区气流不均匀,并有涡流。适用于 1000 级(每升空气中含有大于和等于 $0.5\mu m$ 粒径的尘粒数平均值不超过 35 粒)以下的空气洁净系统。

三、建筑构造基本要求和影响因素

(一)建筑构造基本要求

确定建筑构造做法时,应根据实际情况综合分析,满足以下基本要求。

1. 确保结构安全

建筑物的主要承重构件如梁、板、柱、墙、屋架等,需要通过结构计算来保证结构安全;而一些建筑配件尺寸如扶手的高度、栏杆的间距等,需要通过构造要求来保证安全;构配件之间的连接如门窗与墙体的连接,则需要采取必要的技术措施来保证安全。结构安全关系到人们的生命与财产安全,因此,在确定构造方案时,要把结构安全放在首位。

2. 满足建筑功能

建筑物应给人们创造出舒适的使用环境。根据其用途、所处的地理环境不同,对建筑构造的要求就不同,如影剧院和音乐厅要求具有良好的音响效果,展览馆则对光线效果要求较高;寒冷地区的建筑应解决好冬季的保温问题,炎热地区的建筑则应有良好的通风隔热能力。在确定构造方案时,一定要综合考虑各方面因素,来满足不同的功能要求。

3. 注重综合效益

在进行建筑构造设计时,要考虑其在社会发展中的作用,尽量就地取材,降低造价,注重环境保护,提高其社会、经济和环境的综合效益。

4. 满足美观要求

建筑的美观主要是通过对其内部空间和外部造型的艺术处理来体现的。一座完美的建筑除了取决于对空间的塑造和立面处理外,还受到一些细部构造如栏杆、台阶、勒脚、门窗、挑檐等的处理的影响,对建筑物进行构造设计时,应充分运用构图原理和美学法则,创造出有较高品位的建筑。

(二)影响建筑构造的因素

建筑物建成后受到各种自然因素和人为因素的作用,在确定建筑构造时,必须充分考虑各种因素的影响,采取措施以提高建筑物的抵御能力,保证建筑物的使用质量和耐久年限。

影响建筑构造的因素主要有以下三方面。

1. 荷载的作用

作用在房屋上的力统称为荷载,包括建筑自重,人、风雪及地震荷载等。荷载的大小和作用方式均影响着建筑构件的选材、截面形状与尺寸,这都是建筑构造的内容。所以在确定建筑构造时,必须考虑荷载的作用。

2. 人为因素的作用

人们所从事的生产、工作、学习与生活活动,也将产生对房屋的影响。如机械振动、化学腐蚀、噪声、爆炸和火灾等,就是人为因素的影响。为了防止这些影响造成危害,房屋的相应部位要采取防震、耐腐蚀、隔声、防爆、防火等构造措施。

3. 自然界的作用

房屋在自然界中要经受日晒、雨淋、冰冻、地下水的侵蚀等影响,为保证正常使用在建筑构造设计中,必须在相关部位采取防水、防潮、保温隔热、防震及防冻等措施。

第二节　通风空调施工图概述

一、通风空调工程施工图的产生

通风空调施工图是通风空调工程施工时的依据,施工人员必须按图施工,不得任意变更图纸或无规则施工,所以通风空调施工人员必须看懂图纸,记住图纸内容和要求,因此,搞好施工必须具备的先决条件,学好图纸、审核图纸也是施工准备阶段的一项重要工作。

按通风空调工程设计的程序,一般分为初步设计和施工图设计两个阶段。对于技术复杂的工程,还要增加技术设计阶段。

1. 初步设计及施工说明

设计人员根据建筑单位的要求,应进行调查研究,把与工程设计有关

的基本条件搞清楚,收集必需的设计基础资料,作出若干方案比较,完成方案设计并绘制初步设计图。内容包括:

设计说明书、设计图纸、主要设备、材料表和工程概预算书。初步设计的深度应满足建筑设计规范要求,初步设计图应报有关部门批准。对于比较复杂或有技术特点的项目,要求部分达到技术设计深度,这种设计称为"扩大初步设计",简称"扩初设计"或"技术扩初"。

施工说明主要用来说明图纸中表达不出来的设计意图和施工中需要注意的问题及设计施工中所应遵循的国家标准规范的规定。通常在工程设计及施工说明中写有总耗热量、总耗冷量、冷热煤的来源及参数,各不同房间内湿度、相对湿度及空气洁净度,采暖及空调制冷管道材料种类规格,冷热管道的保温材料、方法及厚度,管理及设备的刷油次数、要求等。

2. 施工图设计

施工图设计应根据已批准的初步设计文件进行,其内容以图纸为主。施工图设计以单项工程为单位,其内容包括:管道平面布置图、剖面图、系统轴测图和详图。管道平面布置图主要表示管路及设备的平面位置以及与建筑物之间的相对位置关系。锅炉房、空调机房、冷冻机房等,还需绘制管道剖面图,它主要表示设备的竖向位置及标高。通风与空调管道均需绘制系统轴测图,因为系统图能比较直观地反映管道的走向及其与设备之间的关系。详图则主要是管道节点详图及标准通风图。

对于大型、比较复杂的工程,可在施工图设计之前,增加技术设计阶段,深入表达技术上所采取的措施和经济比较以及各种必要的计算等。

此外,图纸中还有设备表、材料表等。

二、建筑工程图的种类

由于专业分工不同,建筑工程图一般分为"建筑施工图"、"结构施工图"和"设备施工图",各专业的图纸又分为基本图纸和详图。

设备施工图(简称设施图,分别为水施图、暖施图、电施图等)主要表达各种管道或电气线路与设备的布置与走向、其构件做法和设备安装要求等。各专业设备施工图的共同点是:基本图都是由平面图、轴测系统图或系统图所组成;详图有构件图、配件制作图或安装图。

第二章　投影和视图

投影和视图的基本理论是任何图纸绘制的基础,也是任何图纸识读的前提。

第一节　投　　影

一、投影概念与投影法

投影是我们在日常生活中常见的情形,当物体在日光或灯光的照射下,会在地面、墙面或其他表面上产生影子,这就是自然界的投影现象。在工程上,人们所研究的对象都是空间形体,而表达这些形体的图形一般是平面的,因此首先要解决的问题,是如何把空间形体表示到平面上去。

工程中的投影不仅要求外部轮廓线清晰,同时还能反映内部轮廓及形状,这样才能符合清晰表达工程物体形状大小的要求。因此,要形成工程制图所要求的投影,应有三个假设:一是光线能够穿透物体;二是光线在穿透物体的同时能够反映其内部、外部的轮廓(看不见的轮廓用虚线表示);三是对形成投影的光线的射向作相应的选择,以得到不同的投影。

将上述的自然现象加以抽象得到空间形体的图形,假定物体是透明的,光线可以穿过物体,使所产生的“影子”不是黑色一片,而能由线条来显示物体的完整形象,如图 2-1 所示,这种“影子”称为投影,把发出光线的光源称为投影中心,光线称为投影线,光线的射向称为投影方向,产生“影子”的面称为投影面,这种研究空间形体与其投影之间关系的方法,称为投影法,用投影法画出物体的图形称为投影图,习惯上也将投影物体称为形体。

根据投影中心与投影面之间距离的不同,投影法可分为中心投影法和平行投影法两类。其中平行投影法又可分为斜投影法和正投影法两种。

（1）中心投影法。投影中心距离投影面有限远时，可采用中心投影法。如图2-2所示，从投射中心 S 引出四根投射线分别过 ABCD 的四个顶点与投影面 P 相交于 a、b、c、d 四点，这种投射都通过投射中心的投影法称为中心投影法，按照中心投影法作出的投影称为中心。这种形体的投影随光源的方向和距形体的距离而变化，光源距形体越近，投影越大，不能反映形体的真实大小。

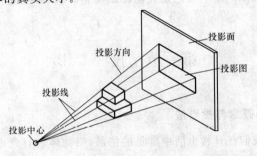

图 2-1　投影图的形成

用中心投影法绘制物体的投影图称为透视图，图2-3所示为物体的透视图。其直观性很强、形象逼真，常用作建筑方案设计图和效果图。但绘制比较繁琐，而且建筑物等的真实形状和大小不能直接在图中度量，不能作为施工图用。

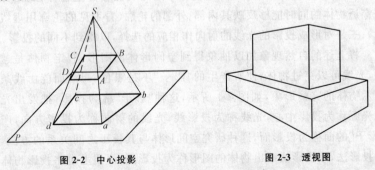

图 2-2　中心投影　　　　　　　　图 2-3　透视图

（2）平行投影法。投影中心距离投影面无限远时，可采用平行投影法。投射线相互平行的投影称为平行投影，假设光源在无限远处，投影线互相平行，这时投影的大小与形体到光源的距离无关，如图2-4所示。在工程上,按照平行投影原理画出的投影图称为轴测投影图。

1)正投影。平行投影中投射线与投影面垂直时的投影称为正投影,也称为直角投影,如图 2-4(a)所示。采用正投影法,在三个互相垂直相交且平行于物体主要侧面的投影面上所作出的物体投影图,称为正投影图,如图 2-5 所示。该投影图能够较为真实地反映出物体的形状和大小,即度量性好,多用于绘制工程设计图和施工图。

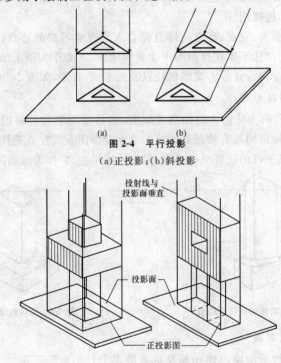

(a)　　　　　　　　(b)

图 2-4　平行投影

(a)正投影;(b)斜投影

图 2-5　正投影图

2)斜投影。投射线与投影面斜交时的投影称为斜投影,如图 2-4(b)所示。用斜投影法可绘制斜轴测图,如图 2-6 所示。投影图有一定的立体感,作图简单,但不能准确地反映物体的形状,视觉上变形和失真,只能作为工程的辅助图样,因此,在工程制图中一般不采用这种方法。

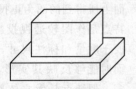

图 2-6　斜轴测图

二、工程中常用的投影图

为了清楚地表示不同的工程对象,满足工程建设的需要,工程中常用的投影图有透视投影图、轴测投影图、正投影图和标高投影图四种。

1. 透视投影图

运用中心投影的原理绘制的具有逼真立体感的单面投影图称为透视投影图,简称透视图。

它具有真实、直观、有空间感且符合人们视觉习惯的特点,但绘制较复杂,形体的尺寸不能在投影图中度量和标注,不能作为施工的依据。仅用于建筑及室内设计等方案的比较以及美术、广告等,如图2-7所示。

2. 轴测投影图

图2-8所示为是物体的轴测投影图,它是运用平行投影的原理在一个投影图上做出的具有较强立体感的单面投影图。其特点是作图较透视图简单,相互平行的线可平行画出,但立体感稍差,常作为辅助图样。

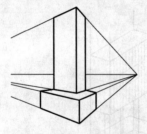

图 2-7　形体的透视投影图

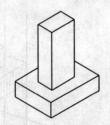

图 2-8　形体的轴测投影图

3. 正投影图

运用正投影法使形体在相互垂直的多个投影面上得到的投影,然后按规则展开在一个平面上所得到的图为正投影图,如图2-9所示。其特点是作图较透视投影图和轴测投影图简单,便于度量和标注尺寸,形体的平面平行于投影面时能够反映其实形,因此,在工程上应用最多。但缺点是无立体感,需多个正投影图结合起来分析想象,才能得出立体形象。

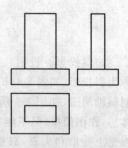

图 2-9　形体的正投影图

4. 标高投影图

标高投影是标有高度数值的水平正投影图。在建筑工程中常用于表示地面的起伏变化、地形、地貌。作图时,用一组上下等距的水平剖切平面剖切地面,其交线反映在投影图上称为等高线。将不同高度的等高线自上而下投影在水平投影面上时,便可得到等高线图,称为标高投影图,如图 2-10 所示。

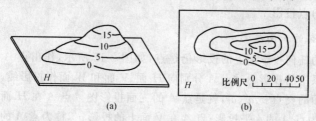

图 2-10　标高投影图
(a)立体状况;(b)标高投影图

三、平面投影的特性

平面投影的特性有平行性、类似性、积聚性、定比性、度量性等,如图 2-11所示。

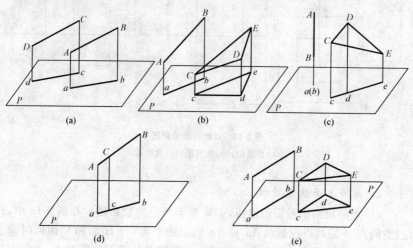

图 2-11　平面投影的特性
(a)平行性;(b)类似性;(c)积聚性;(d)定比性;(e)度量性

四、点、线、面投影

任一形体都可视为由点、线、面所组成,研究点、线和面的正投影的特性是研究正投影的基础。其中,点是形体的最基本几何元素,点的投影规律是线、面、体的投影的基础。

(一)点投影

1. 点的三面投影

点的任何投影面上的投影仍是点,如图 2-12 所示,作出点 A 在三投影面体系中的投影。过点 A 分别向 H 面、V 面和 W 面作投影线,投影线与投影面的交点 a、a'、a'',就是点 A 的三面投影图。点 A 在 H 面上的投影 a,称为点 A 的水平投影;点 A 在 V 面上的投影 a',称为点 A 的正面投影;点 A 在 W 面上的投影 a'',称为点 A 的侧面投影。

点的投影用小圆圈画出(直径小于 1mm);点号写在投影点的近旁,并标在所属的投影面积区域中,如图 2-12 所示。

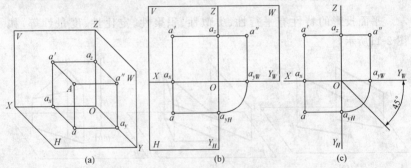

图 2-12　点的三面投影图

(a)直观图;(b)展开图;(c)投影图

2. 点的三面投影特性

(1)点的每两面投影的连线,必垂直于相应的投影轴。在图 2-12 中,过空间点 A 的两点投影线 Aa 和 Aa' 确定的平面,与 H 面和 V 面同时垂直相交,交线分别是 aa_x 和 $a'a_x$。因此,OX 轴必然垂直于平面 Aaa_xa',也就是垂直于 aa_x 和 $a'a_x$。aa_x 和 $a'a_x$ 是互相垂直的两条直线,即 $aa_x \perp a'a_x$、$aa_x \perp OX$、$a'a_x \perp OX$。当 H 面绕 OX 轴旋转至与 V 面成为一平面时,点的水平投影 a 与正面投影 a' 的连线就成为一条垂直于 OX 轴的直线,即 $a'a \perp OX$,如图 2-12(b)所示。同理,可分析出,$a'a'' \perp OZ$。a_y 在投影面成展平之后,被分为 a_{yH} 和 a_{yW} 两个点,所以 $a_{yH}a \perp OY_H$,$a''a_{yW} \perp OY_W$,即 $aa_x = a''a_z$。

从上面分析可以得出点在三投影面体系中的投影规律:

1)点的水平投影和正面投影的连线垂直于 OX 轴,即 $aa' \perp OX$ 轴。

2)点的正面投影和侧面投影的连线垂直于 OZ 轴,即 $a'a'' \perp OZ$ 轴。

3)点的水平投影到 X 轴的距离等于点的侧面投影到 Z 轴的距离,即 $aa_x = a''a_z$。

(2)点的投影到投影轴的距离,反映了点到相应投影面的距离,即:

$a'a_x = a''a_{yW} = Aa = A$ 点到 H 面距离;

$aa_x = a''a_z = Aa' = A$ 点到 V 面距离;

$aa_{yH} = a'a_z = Aa'' = A$ 点到 W 面距离。

以上投影规律是"长对正、高平齐、宽相等"的理论所在,由点的两面投影可以求出第三面投影。

(二)直线投影

直线的投影为直线上任意两点投影的连线,因此,直线的正投影仍然是直线。当已知直线的两个端点的投影,连接两端点的投影即得直线的投影,在投影中,直线相对于投影面的位置有投影面垂直线、投影面平行线和一般位置直线三种,如图 2-13 所示。三种位置下直线的投影有不同的特点。

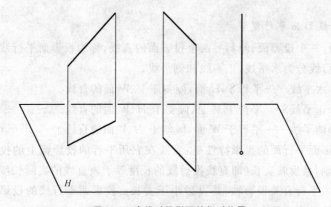

图 2-13　直线对投影面的相对位置

1. 一般位置直线

与三个投影面都倾斜的直线,称为一般位置直线,简称一般线。一般线在各投影面上的投影都倾斜于投影轴,三个投影的长度都小于线段的实长,且直线上两线段长度的比值等于对应其投射线段长度的比,如图 2-14 所示。

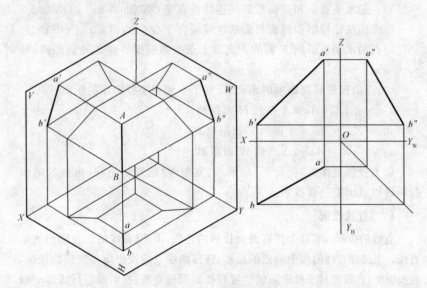

图 2-14　一般线的投影

2. 投影面平行线

平行一个投影面、倾斜另两个投影面的直线,称为投影面平行线。投影面平行线分为水平线、正平线和侧平线。

(1)水平线——平行于 H 面,倾斜于 V、W 面的直线。

(2)正平线——平行于 V 面,倾斜于 H、W 面的直线。

(3)侧平线——平行于 W 面,倾斜于 H、V 面的直线。

投影面平行面的投影特性是:直线在它所平行的投影面上的投影倾斜投影轴,且反映实长(即直线投射线的长度等于该直线的实际长度);其余两投影平行有关投影轴,其投影小于实长。投影面平行线的投影图和投影特性见表 2-1。

表 2-1　　　　　　　　　　投影面平行线的投影图和投影特性

名称	铅垂线（AB∥H 面）	正垂线（AC∥V 面）	侧垂线（AD∥W 面）
直观图	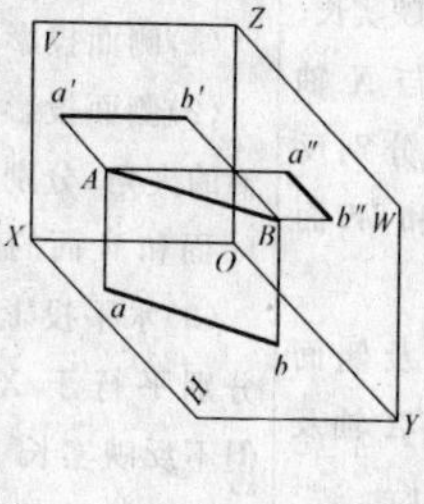	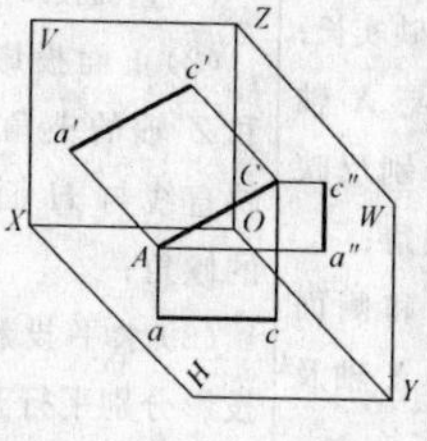	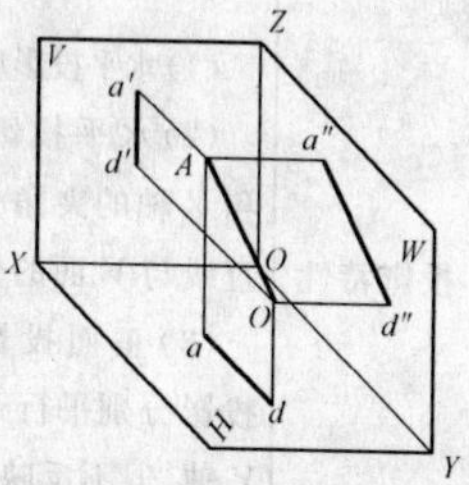
投影图	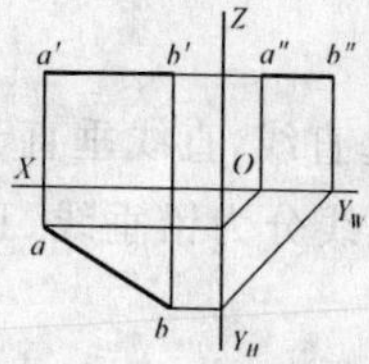	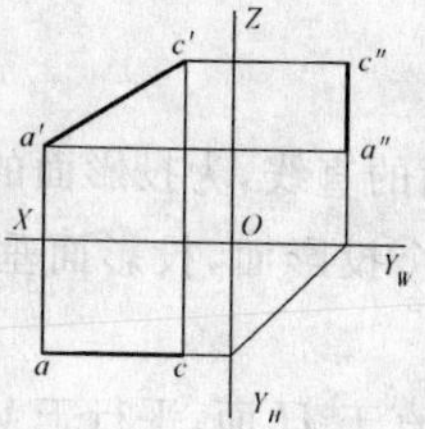	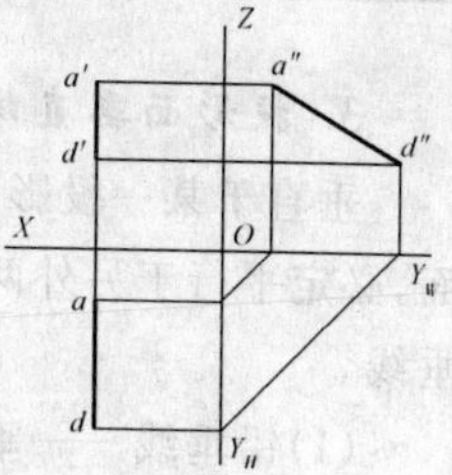
在形体投影图中的位置	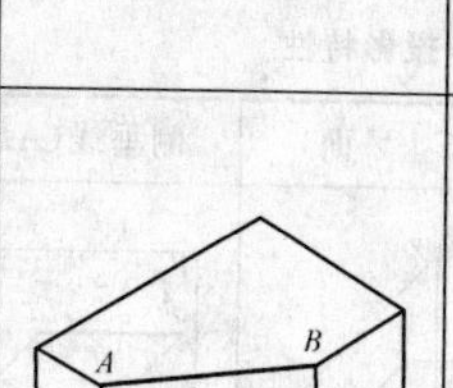	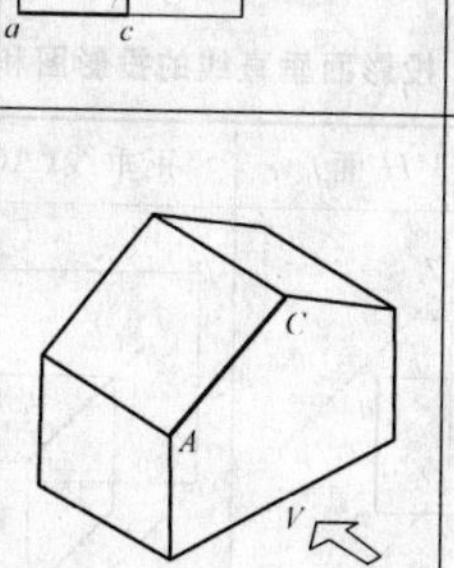	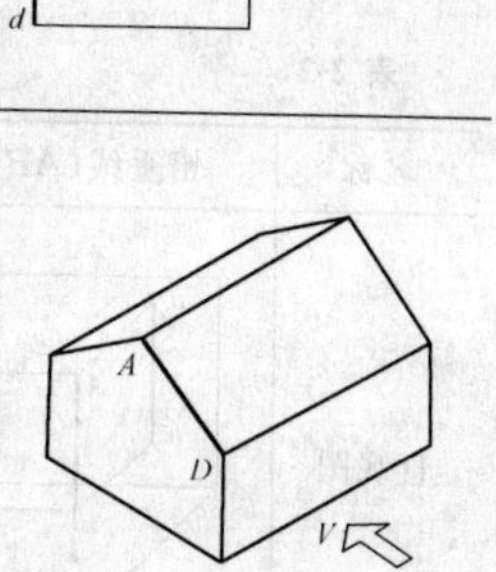
在形体立体图中的位置	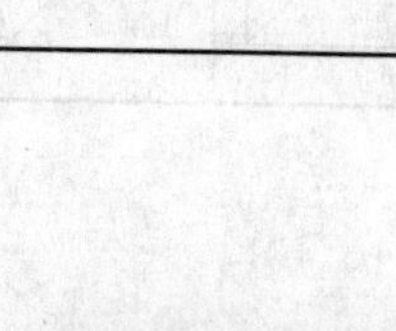		

(续)

名称	铅垂线（AB∥H 面）	正垂线（AC∥V 面）	侧垂线（AD∥W 面）
投影特性	（1）水平投影反映实长； （2）水平投影与 X 轴和 Y 轴的夹角分别反映直线与 V 面的倾角； （3）正面投影和侧面投影分别平行于 X 轴及 Y 轴,但不反映实长	（1）正面投影反映实长； （2）正面投影与 X 轴和 Z 轴的夹角,分别反映直线与 H 面和 W 面的倾角； （3）水平投影及侧面投影分别平行于 X 轴及 Z 轴但不反映实长	（1）侧面投影反映实长； （2）侧面投影与 Y 轴和 Z 轴的夹角,分别反映直线与 H 面和 V 面的倾角； （3）水平投影与正面投影分别平行于 X 轴及 Z 轴,但不反映实长

3. 投影面垂直线

垂直于某一投影面的直线,为投影面的垂直线,直线垂直于某一投影面,必定平行于另外两个投影面,投影面垂直线分为铅垂线、正垂线和侧垂线。

（1）铅垂线——垂直于 H 面,平行于 V、W 面的直线。

（2）正垂线——垂直于 V 面,平行于 H、W 面的直线。

（3）侧垂线——垂直于 W 面,平行于 V、V 面的直线。

投影面垂直线的投影特性是:投影是一个点,且该直线上任意一点的投影都在这个点上。直线在它所垂直的投影面上的投影积聚成一点,其余两投影反映实长,并垂直有关投影轴,投影面平行线的投影图和投影特性见表 2-2。

表 2-2　　　　　　　　投影面垂直线的投影图和投影特性

名称	铅垂线（AB⊥H 面）	正垂线（AC⊥V 面）	侧垂线（AD⊥W 面）
直观图			

（续）

名称	铅垂线（$AB \perp H$ 面）	正垂线（$AC \perp V$ 面）	侧垂线（$AD \perp W$ 面）
投影图	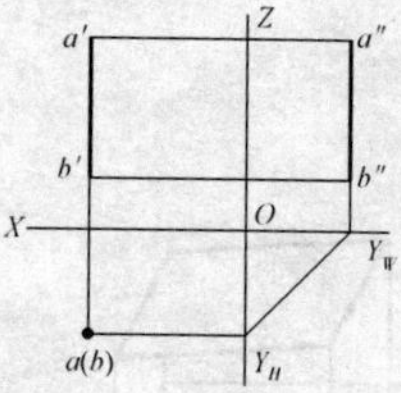	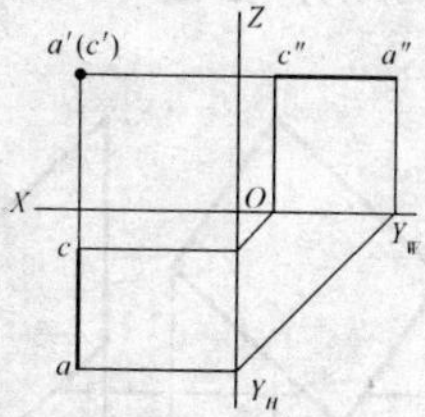	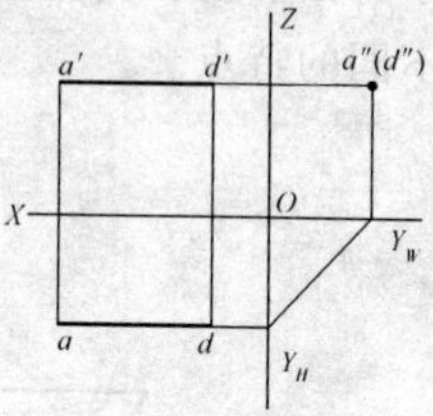
在形体投影图中的位置	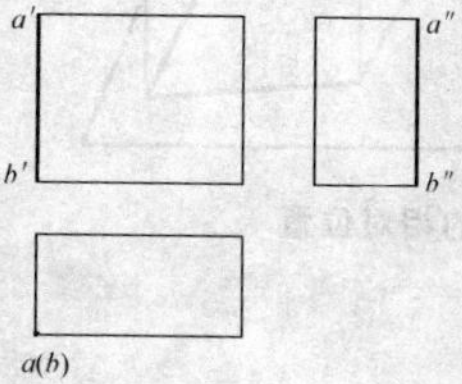	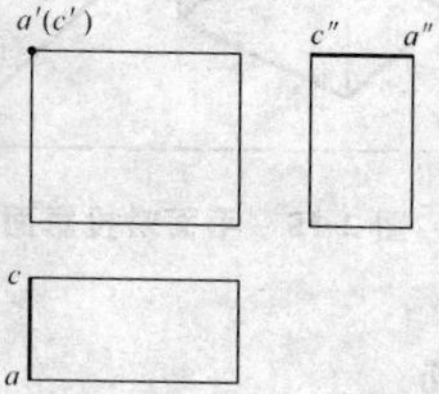	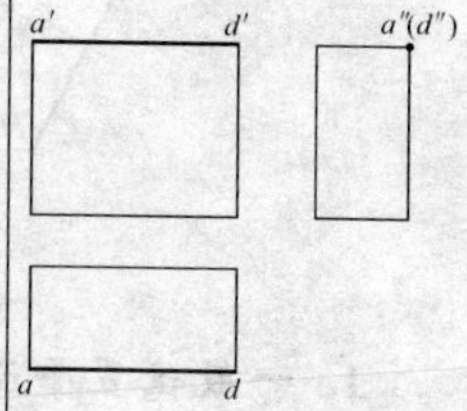
在形体立体图中的位置	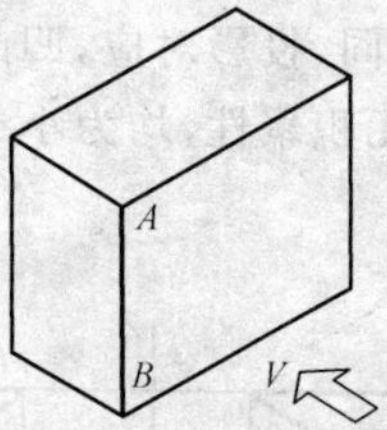	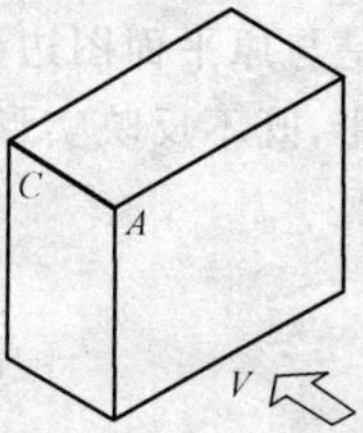	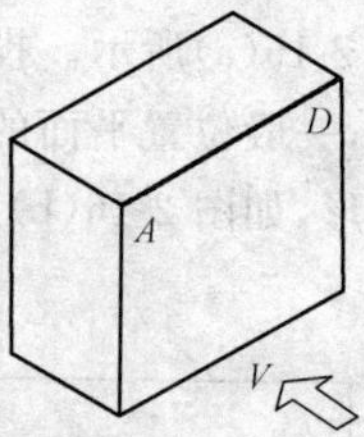
投影特性	（1）水平投影积聚为一点； （2）正面投影及侧面投影分别垂直于 X 轴及 Z 轴，且反映实长	（1）正面投影积聚为一点； （2）水平投影及侧面投影分别垂直于 X 轴及 Z 轴，且反映实长	（1）侧面投影积聚为一点； （2）水平投影及正面投影分别垂直于 Y 轴及 Z 轴，且反映实长

（三）平面投影

平面是直线沿某一方向运动的轨迹，可采用闭合线框围成的平面图形来表示，如三角形、圆形及梯形等，要做出平面的投影，只要做出构成平面的轮廓的苦干点与线的投影，然后连接成平面图形即可。若平面上存在一条与投影方向相同的直线,则该平面的投影为一条直线。

平面与投影面之间的相对位置分三种情况,即一般位置平面、投影面平行面和投影面垂直面三种,如图 2-15 所示。三种位置下平面的投影有不同的特点。

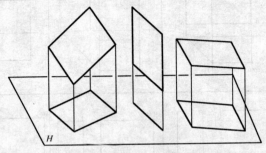

图 2-15　平面对投影面的相对位置

1. 一般位置平面

对三个投影面都倾斜的平面,称为一般位置平面,简称一般平面,如图 2-16(a)所示。投影是与原平面图边数相同,投影对应,凹凸同性的图形,一般位置平面的投影,既不反映实形也无积聚性,均为小于实体的类似形,如图 2-16(b)所示。

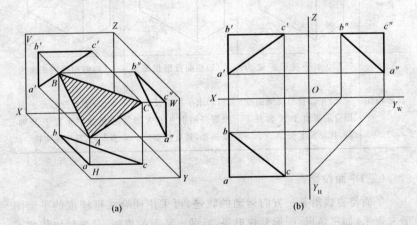

(a)　　　　　　　　　　　　　　(b)

图 2-16　一般位置平面

(a)立体图;(b)投影图

2. 投影面平行面

平行于一个投影面，垂直另两个投影面的平面称为投影面平行面，简称平行面。投影面平行面分为水平面、正平面和侧平面三种。

（1）水平面——平行于 H 面，垂直于 V、W 面的平面。

（2）正平面——平行于 V 面，垂直于 H、W 面的平面。

（3）侧平面——平行于 W 面，垂直于 H、V 面的平面。

投影面平行面的投影特性是：投影的形状和大小与该平面实际的形状和大小相同，具有真实性，其余两投影各积聚成一条直线，并平行有关投影轴。投影面平行面的投影图和投影特性见表 2-3。

表 2-3　　　　投影面平行面的投影图和投影特性

名称	直观图	投影图	投影特点
水平面			（1）在 H 面上的投影反映实形； （2）在 V 面、W 面上的投影积聚为一直线，且分别平行于 OX 轴和 OY_W 轴
正平面			（1）在 V 面上的投影反映实形； （2）在 H 面、W 面上的投影积聚为一直线，且分别平行于 OX 轴和 OZ 轴
侧平面			（1）在 W 面上的投影反映实形； （2）在 V 面、H 面上的投影积聚为一直线，且分别平行于 OZ 轴和 OY_H 轴

3. 投影面垂直面

垂直于一个投影面,倾斜于另两个投影面的平面称为投影面垂直面,简称垂直面,投影面垂直面分为铅垂面、正垂面和侧垂面。

(1)铅垂面——垂直于 H 面,倾斜于 V、W 面的平面。

(2)正垂面——垂直于 V 面,倾斜于 H、W 面的平面。

(3)侧垂面——垂直于 W 面,倾斜于 H、V 面的平面。

投影面垂直面的投影特性是:平面在它所垂直的投影面上的投影,积聚成一条倾斜投影轴的直线,其余两投影均为小于原平面实形的类似形。投影面垂直面的投影图和投影特性见表2-4。

表 2-4　　　　　　　　投影面垂直面的投影图和投影特性

名称	铅垂面	正垂面	侧垂面
直观图			
投影图			
投影特点	(1)在 H 面上的投影积聚为一条与投影轴倾斜的直线; (2)β、γ 反映平面与 V、W 面的倾角; (3)在 V、W 面上的投影小于平面的实形	(1)在 V 面上的投影积聚为一条与投影轴倾斜的直线; (2)α、γ 反映平面与 H、W 面的倾角; (3)在 H、W 面上的投影小于平面的实形	(1)在 W 面上的投影积聚为一条与投影轴倾斜的直线; (2)α、β 反映平面与 H、V 面的倾角; (3)在 V、H 面上的投影小于平面的实形

五、三面投影图的展开

为了能够完整地表达形体的实际形状,工程上通常采用形体的三个平面的投影图,即在一个投影面的基础上增加两个投影面,如图 2-17 所示。

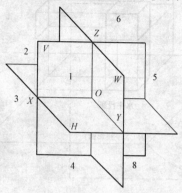

图 2-17 三面投影面的建立与卦角

1. 投影图的展开规则

图 2-18 所示为长方体的正投影图形成的立体图。为了使三个投影图绘制在同一平面图纸上,需将三个垂直相交的投影面展平到同一平面上。其展开规则如下:V 面不动,H 面绕 OX 轴向下旋转 $90°$;W 面绕 OZ 轴向后旋转 $90°$,使它们与 V 面展开在同一平面上,如图 2-18 所示。这时 Y 轴分为两条:一根随 H 面旋转到 OZ 轴的正下方与 OZ 轴在同一直线上,用 Y_H 表示;一根随 W 面旋转到 OX 轴的正右方与 OX 轴在同一直线上,用 Y_W 表示,如图 2-19(a)所示。

H、V、W 面的位置是固定的,投影面的大小与投影图无关。在实际绘图时,不必画出投影面的边框,也不必注明 H、V、W 字样;待到对投影知识熟知后,投影轴 OX、OY、OZ 也不必画出,如图 2-19(b)所示。

2. 三面投影图反映的方位

投影图能够反映形体的方位。在投影图上识别形体的方位,对识图非常关键。任何形体都有前、后、左、右、上、下六个方位,其三面正投影体系及其展开如图 2-20 所示。从图中可知:三个投影图分别表示它的三个

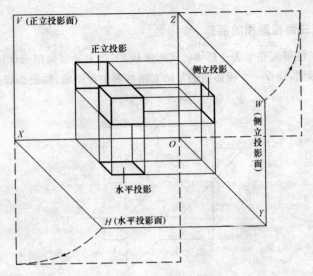

图 2-18　三面正投影及展开

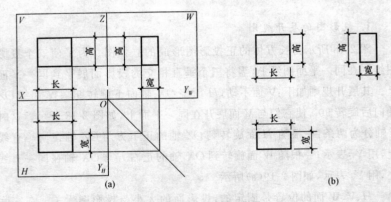

图 2-19　展开后的正投影图

(a)正投影图；(b)无轴正投影图

侧面：正面投影反映了物体的上、下和左、右方位关系；水平投影反映了物体的前、后和左、右的关系；侧面投影反映了物体上的上、下和前、后的关系。这三个投影图之间既有区别又互相联系，每个投影图都相应反映出其中的四个方位。需要特别注意的是，形体前方位于 H 投影的下侧，如

图 2-21 所示,这是由于 H 面向下旋转、展开的缘故。识别形体的方位关系,对识图很有帮助。

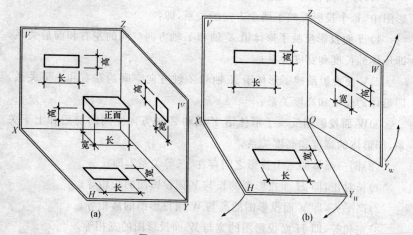

图 2-20　三面投影体系的展开

(a)长宽高在投影体系中的反映;(b)展开示意图

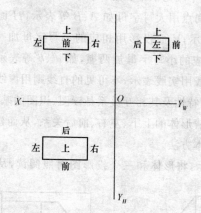

图 2-21　三面投影图上的方位

3. 三面投影图投影规律

因为人们只注重的是形体上各点的相互关系,不注重点到投影面的绝对距离,所以展开后的投影图中可以不表示投影轴,三个投影图之间的距离也

不影响投影图的形状和大小,但三个投影图之间应遵循以下投影规律:

(1)形体具有上下、左右、前后(长、宽、高)三个方向的尺度,在三面投影图中,每个投影反映了两个方向的关系,即:

1)H 面投影反映了形体沿 X 轴和 Y 轴方向空间的左右和前后关系,即形体的长度和宽度关系;

2)V 面投影反映了形体沿 X 轴和 Z 轴方向空间的左右和上下关系,即形体的长度和高度关系;

3)W 面投影则反映了形体沿 Y 轴和 Z 轴方向空间的前后和上下关系,即形体的宽度和高度关系。

(2)同一形体的三个投影之间存在"三等关系",即:

1)长对正,即 H 面投影图的长与 V 面投影图的长相等;

2)高平齐,即 V 面投影图的高与 W 面投影图的高相等;

3)宽相等,即 H 面投影图的宽与 W 面投影图的宽相等。

三面正投影的等高、等长、等宽的关系简称"三等"关系,这是绘制暖通空调工程图的基本理论依据和规律。

一般规定:空间点用大写字母如 A、B 等表示,H 面投影用相应的小写字母如 a、b 等表示;V 面投影用相应的小写字母加一撇,如 a'、b' 等表示;W 面投影用相应的小写字母加两撇,如 a''、b'' 等表示。在表示直线的投影时,可见的直线用实线表示,不可见的直线则用虚线来表示。

三面投影图的特性及其相互关系是读图、识图的基础,将三面投影对照、分析、思考,弄清形体的上下、左右、前后关系,从而建立起形体的空间概念,是读图的基本方法。

如图 2-22 所示,将形体和三个投影图对照阅读,从而加深对三面投影的认识。

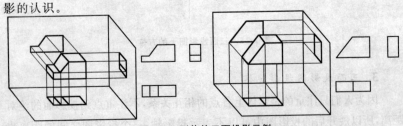

图 2-22　形体的三面投影示例

第二节　视　图

一、基本视图的形成

物体在一个面上的投影称为一面投影，它的投影图就称为一面投影图。如图 2-23 所示，空间五个不同状的物体，它们在同一个投影面上的投影都是相同的。因此，在正投影法中形体的一个投影一般是不能反映空间形体形状的。

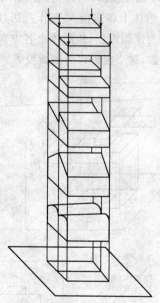

图 2-23　物体的一个正投影不能
确定其空间的形状

物体在两个相互垂直的投影面上的投影称为两面投影，它的投影图就称为两面投影图。两面投影图从两个方向上反映了物体的形状，只可以确定出简单形体的空间形状和大小。

一般来说，用三个互相垂直的平面作投影面，用形体在这三个投影面上的三个投影才能充分表达出这个形体的空间形状。这三个互相垂直的投影面,称为三面投影体系,如图 2-24 所示。图中水平方向的投影面称为水平投影面,用字母 H 表示,也可以称为 H 面;与水平投影面垂直相交的正立方向的投影面称为正立投影面,用字母 V 表示,也可以称为 V 面;与水平投影面及正立投影面同时垂直相交的投影面称为侧立投影面,用字母 W 表示,也可以称为 W 面。各投影面相交的交线称为投影轴,其中 V 面与 H 面的相交线称作 X 轴;W 面与 H 面的相交线称作 Y 轴;V 面与 W 面的相交线称作 Z 轴,三条投影轴的交点 O 称为原点。

从形体上各点向 H 面作投影线,即得到形体在 H 面上的投影,这个投影称为水平投影;从形体上各点向 V 面作投影线,即得到形体在 V 面上的投影,这个投影称为正面投影;从形体上各点向 W 面作投影线,即得到形体在 W 面上的投影,这个投影称为侧面投影。

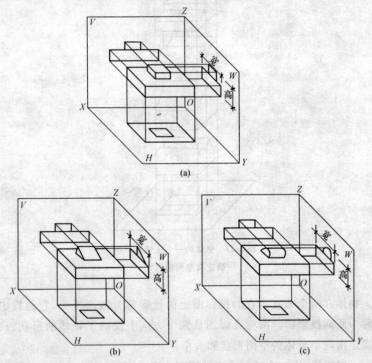

图 2-24 形体的三面投影

　　除了用正面图、平面图和左侧面图外,还可作三个分别平行于 H、V、W 面的新投影面 H_1、V_1、W_1,在它们上面分别形成从下向上、从后向前和从右向左观看时所得到的视图分别称为仰视图或底面图、后视图或背面图和右视图或右侧面图,如图 2-25(a)所示。然后将六个视图展平在 V 面所在的平面上,即可得到图 2-25(b)所示的六个视图的排列位置。

　　正面图、平面图、左侧面图、仰视图或底面图、后视图或背面图和右视图或右侧面图这六个视图称为基本视图,相应地这六个投影面称为基本投影面。

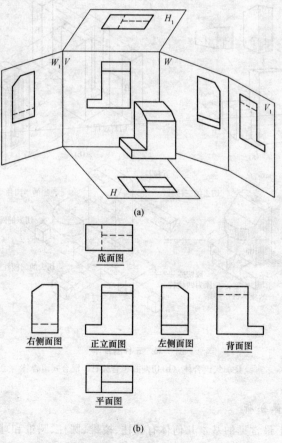

(a)

底面图

右侧面图　　正立面图　　左侧面图　　背面图

平面图

(b)

图 2-25　六面视图的形成

二、组合体视图绘制方法

1. 组合体的概念

建筑物或其他工程形体大都是由简单形体组成的。组合体则是由这些基本形体通过叠加和切割等方法组合而成的形体,如图 2-26 (a)所示。组合体在空间形态上比基本形体复杂得多,其投影图的绘制也是有规律的。

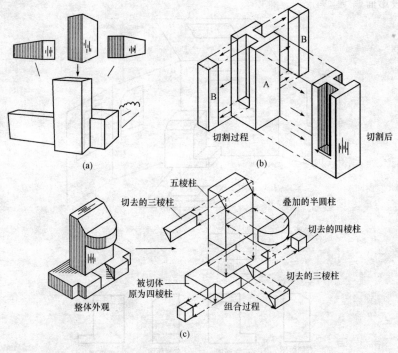

图 2-26　三种组合体

(a)叠加式组合体;(b)切割式组合体;(c)混合式组合体

2. 形体分析

工程上最常见的基本几何体有棱柱、棱锥、圆柱、圆锥和球等,它们的视图如图 2-27 所示。

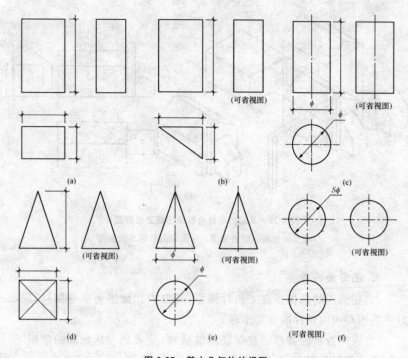

图 2-27　基本几何体的视图

(a)长方形；(b)三棱柱；(c)圆柱；(d)四棱锥；(e)圆锥；(f)圆球

　　当进行形体分析时,首先要把组合体看成是由若干基本形体按一定组合方式、位置关系组合而成的,然后对组合体中基本形体的组合方式、位置关系以及投影特性等进行分析,以弄清各部分的形状特征及投影表达。

　　如图 2-28(a)所示为房屋模型。从形体分析角度看,它是叠加式组合体。其组合方式为:屋顶是三棱柱,屋身和烟囱是长方体,烟囱一侧小屋则由带斜面的长方体构成;位置关系:烟囱、小屋均位于大屋形体的左侧,其底面都处在同一水平面上。确定房屋的正面方向,如图 2-28(b)所示,以便在正立投影上反映该形体的主要特征和位置关系。侧立投影反映形体左侧及屋顶三棱柱的特征,而水平投影则反映各组成部分前后左右的位置关系,如图 2-28(c)所示。

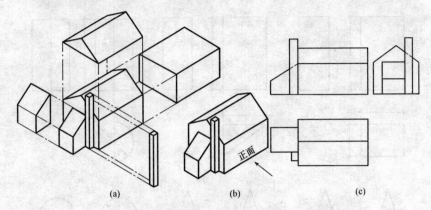

图 2-28　房屋的形体分析及三面正投影面
(a)形体分析；(b)直观图；(c)房屋的三面正投影图

3. 视图的选择

(1)正面图的选择。在工程样图中,通常以正面图为主要图样,选择好正面图是视图选择的首要步骤。

(2)视图数量的选择。在保证能够清晰、完成地表达物体的前提下,选用最少数量的视图。

(3)视图的选择中应尽量少用背面图和底面图。左侧面图和右侧面图中一般选用虚线较少的一个,情况相同时一般选用左侧面图。

一般情况下,较多选用正、平、侧三个视图来表示。

三、视图尺寸标注

在工程图中,视图只能表达物体的形状,不能确定物体的真实大小,因此,必须注出物体的实际尺寸。

1. 平面体尺寸标注

平面体的尺寸数量与立体的具体形状有关,但总体来看,这些尺寸分属于三个方向,即平面体上的长度、宽度和高度方向。因此,标注平面体几何尺寸时,应将这三个方向的尺寸标注齐全,且每个尺寸只需在某一个视图上标注一次。一般都是把尺寸标注在反映形体端面实形的视图上。

图 2-29 所示分别为长方体、四棱柱和正六棱柱的尺寸注法。其中.

正六棱柱俯视图中所标的外接圆直径,既是长度尺寸也是宽度尺寸,故图 2-29 (c)中的宽度尺寸 24 应省略不标。

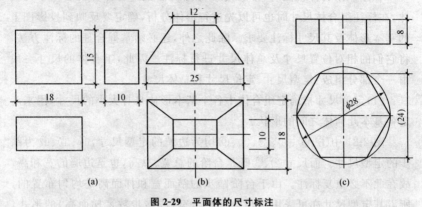

图 2-29　平面体的尺寸标注

2. 回转体尺寸标注

由回转体的形成可知,回转体的尺寸标注应分为径向尺寸标注和轴向尺寸标注。标注尺寸时,应先标注反映回转体端面图形圆的直径,标注时须在前面加上符号 ϕ,然后再标注其长度,如图 2-30 所示。

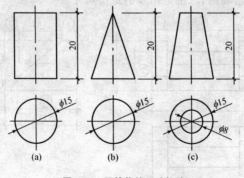

图 2-30　回转体的尺寸标注

(a)圆柱;(b)圆锥;(c)圆台

回转体的尺寸标注,也可采用集中标注的方法,即将其各种尺寸集中标注在某一视图上,以减少组合体的视图数目。圆球体尺寸集中标注时,只需标注出其径向尺寸即可,但须在直径符号前加注"S"。

3. 组合体尺寸标注

在绘制组合体视图时,常运用形体分析法把组合体分析成基本几何体,在标注组合体尺寸时也可以先进行形体分析,确定要反映到投影图上的基本形体及其尺寸标注要求。除此之外,还必须掌握合理的标注方法,将它们的相对位置尺寸及总体尺寸进行标注。因此,组合体的尺寸一般由三个部分组成:定型尺寸、定位尺寸和总体尺寸。

(1)定型尺寸指确定组合体中各个基本形体自身大小的尺寸,用来确定各基本几何体之间的形状。

图 2-31 中④、⑤、⑥、⑦、⑧、⑨均为边墙的定型尺寸,⑩、⑪、⑫为踏步的定型尺寸。而尺寸②、③既是台阶的总宽、总高,也是边墙的宽和高,故在此不必重复标注。由于台阶踏步的踏面宽和梯面高是均匀布置的,所以其定型尺寸亦可采用踏步数×踏步宽(或踏步数×梯面高)的形式,即图中尺寸⑪可标成 3×280＝840,⑫也可标为 3×150＝450。

(2)定位尺寸指组合体中各基本几何体之间相对位置的尺寸,用来确定各基本几何体之间的相互位置。

图 2-31 中台阶各部分间的定位尺寸均与定型尺寸重复。如图 2-31 中尺寸⑩既是边墙的长,也是踏步的定位尺寸。

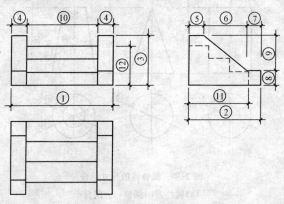

图 2-31　组合体尺寸标注举例

(3)总体尺寸表示组合体的总长、总宽、总高的尺寸。如图 2-31 所示,首先标注图中①、②和③三个尺寸,即先标出台阶的总长、总宽和总高。在建筑设计中它们是确定台阶形状的最基本也是最重要的尺寸,故应首先标出。

4. 尺寸的配置

尺寸的配置除了尺寸标注要正确和合理外,还应清晰、整齐,且便于阅读。

(1)尺寸标注要明显,尽可能把尺寸标注在反映形状特征的视图上,与两个视图有关的尺寸应注在两视图的一个视图旁。有些小尺寸,为了避免引出的距离过远,也可标注在图内,如图 2-32 中的 $R4$ 和 3,但尺寸数字尽量不与图线相交。

(2)尺寸布置要整齐,要注意大尺寸在外,小尺寸在内;在不出现尺寸重复的前提下,应尽量使尺寸构成封闭的尺寸链,如图 2-32 中 V 面上竖向的两道尺寸,以符合建筑工程图上尺寸的标注习惯。尺寸线相互的平行距离要大致相等,尺寸数字应写在尺寸界线中间位置。

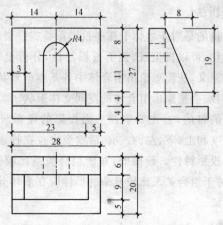

图 2-32　组合体的尺寸标注

(3)尺寸标注要齐全,以保证阅读时能直接读出各部分的尺寸,不用读图时再计算需要的尺寸。

(4)为使尺寸清晰、明显,尽量不在虚线图形上标注尺寸。如图 2-32

中的圆孔半径 $R4$,注在了反映圆孔实形的 V 面投影上,而不注在 H 面的虚线上。

(5)斜线的尺寸,采用标注其竖直投影高和水平投影长的方法,如图 2-32 所示 W 面上的 8 和 19,而不采用直接标注斜长的方法。

四、视图识读方法

读图比画图要难一些,画图是从三维到二维的思维过程,而读图是从二维到三维的思维过程。

视图的识读也称读图,是指通过看视图而想象出与之对应的物体的形状和结构。阅读视图的方法有很多,常用的识读方法是线面分析法和形体分析法。其中,形体分析法是读图方法中最基本、最常用的方法。由于组合体组合方式较为复杂,在实际读图时,很难确定某一组合体所属的类型,当然,也就无法确定它的读图方法。因此,读图方法的选择也就成为读图时的重点问题。

(一)线面分析法

线面分析法指的是对于物体上那些投影重叠或位置倾斜而不易一下子看懂的局部形状,可以根据线、面的投影特性,分析投影图中某条线或某个线框的空间意义,从而想象出组合体中各基本的形状,最后再根据组合体的相对位置,综合想象出组合体的空间立体形状。

要达到读懂的目的,首先要掌握三面投影的投影规律,熟悉形体的长、宽、高三个向度和上、下、左、右、前、后六个方位在投影图上的位置,会应用点、线、面的投影特性。读图时,对于组合关系比较简单的形体一般用形体分析法;对于组合关系比较复杂的形体应在形体分析的基础上,再辅之以线面分析法。

1. 识图步骤

应用线面分析法识图时,其识图步骤可简单概述为"分、找、想、合"四个字,现分述如下:

(1)分,即分析线框。在物体视图中,每个线框都代表了物体上的一个表面。读图时,应对视图上所有的线框进行分析。为了避免出现漏读某些线框的情况,读图时,应从线框最多的视图入手,进行线框的划分。

如图 2-33(a)所示的物体,先将它的左视图分别划分为 a''、b''、c''、d'' 四个线框,而线框 e'' 可由后面的步骤分析得到。

(2)找,即找出相对应的投影。由平面投影的投影特性可知,除非积聚,否则平面各投影均为"类似形"。反之,无类似形则必定积聚。由此可以很方便地找到各线框所对应的另外两面投影。如图 2-33(a)所示,经分析可得到 a''、b''、c''、d''、e'' 的对应投影分别为 a'、a,b'、b,c'、c,d'、d 和 e'、e。

(3)想,即根据各线框的对应投影想出它们各自的形状和位置。在本例中,可以想象出:A 为正垂位置的六边形平面;B、C 为铅垂位置的梯形平面,分别居于 D 的左右两旁且对称;D 为侧平位置的矩形平面;E 为一水平面。

(4)合,即综合起来想整体。根据前面的分析综合考虑,就可以想象出物体的真实形状。如图 2-33(b)所示,该物体是由一长方体被三个截平面切割所形成的。

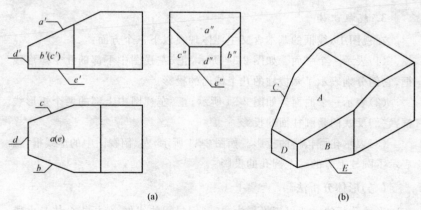

图 2-33　线面分析法读图

2. 图线识读

在视图中,图线的基本含义主要体现在以下三个方面:

(1)物体上具有积聚性的表面。如图 2-34 所示,俯视图中的正六边形,其六条边线就是正六棱柱的六个棱面的积聚投影。

(2)物体上两表面的交线。如图 2-34 所示,左视图下部的两矩形框的公共边线,就是正六棱柱左前方和左后方两个棱面交线的投影。

(3)物体上曲表面的轮廓素线。如图 2-34 所示,正视图上部矩形线框的左右两条竖线,即为圆柱体的轮廓素线。

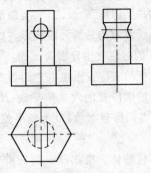

图 2-34   图线与线框的含义

3. 线框识读

在视图中,线框的基本含义主要体现在以下三个方面:

(1)表示一个平面。如图 2-34 所示,正、左视图中下部的几个矩形线框,它们分别表示了六棱柱的几个棱面的投影。

(2)表示一个曲面。如图 2-34 所示,正、左视图中上部的两个矩形线框,它们反映的是圆柱面的投影。

(3)表示孔、洞、槽的投影。如图 2-34 所示,左、俯视图中的虚线框,就表示了圆柱上方的一个圆孔的投影。

(二)形体分析法

形体分析法一般以正投影为主,利用封闭的线框,分析组合体是由哪些几何体组合而成的,逐一找出每个几何体的投影,想清楚它们的空间形状,再根据它们的组合方式和相对位置想象出整体的空间形状。

应用形体分析法读图时,其步骤可简单概括为"分、找、想、合"四个字。现以图 2-35 所示三视图的识读为例加以说明。

(1)分,即分解视图,其分解对象应为物体三视图中的某一个。一般应从投影重叠较少的视图,即结构特征较明显的视图入手,如本例中的左视图,即图 2-35(a),将物体的左视图按线框分解为 a''、b'' 和 c''。

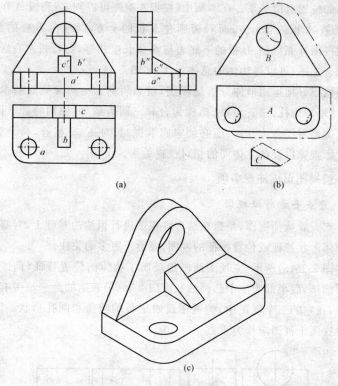

图 2-35 形体分析法读图

（2）找，即找出对应的投影。找对应投影的依据是"长对正，宽相等，高平齐"的投影规律。图 2-35(a)中，a''、b''、c''的对应投影分别为正视图中的 a'、b'、c'和俯视图中的 a、b、c。

（3）想，即想象各个部分的形状。其"想"的基础是对基本立体投影的熟悉程度。如图 2-35(b)所示，根据已有的 a、a'、a''和 b、b'、b''以及 c、c'、c''，对照基本立体投影特征中"矩矩为柱"，可以看出：A 为一水平放置的带有两个圆角的底板；B 为一竖直放置的带有一个圆角的三角形板；C 为一三角形支撑板。

（4）合，即根据各部分的相对位置及组合方式综合起来想象物体的总体形状和结构。"合"的过程是一个综合思考的过程，要求熟练掌握视图与物体的位置对应关系。在本例中,根据左视图可以判定:底板 A 在最下面;B 板在 A 板的后上方;而 C 板则在 A 板的上方,同时在 B 板的前方。再由正视图补充得到:B 的下底边与 A 板长度相等,而 C 板左右居中放置。综合上述,可以得物体的总体形状,如图 2-35 (c)所示。

要想很好地运用形体分析法读图,就必须熟悉一些常见的基本几何体及其"矩矩为柱,三三为锥,梯梯为台和三圆为球"的视图特征。同时,为了准确地将组合体分解,还必须牢固掌握"长对正,宽相等,高平齐"的视图投影规律以及各立体间的相对位置关系。

(三)视图识读注意事项

1. 重点查看特征视图

重点查看特征视图,是指在结合各视图进行识读的基础上,对那些能反映物体形状特征或位置特征的视图,要给予更多的关注。

如图 2-36(a)所示,左视图清晰地反映了物体的位置特征(前半部为半个凹圆槽,后半部为半个凸圆柱);而图 2-36(b)表达的是一块带有圆角的底板,在它的三个视图中,俯视图反映了板的圆角和圆孔形状。因此,读图时这两个视图应作为重点。

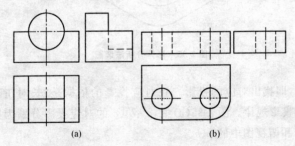

(a) 　　　　　　　　　　　(b)

图 2-36　重点查看特征视图示例

2. 同一组视图结合识读

在读图时,应充分利用所给视图组合中的各视图来识读,不能只盯着一个视图看。图 2-37 所示为五个基本形体,每个物体均给出两个视图,其中前三个物体的正视图均为梯形,但不能因此而得出结论说它们所表达的是同一个物体;结合它们的俯视图,我们可以得知:它们分别表示的是四棱台、截角三棱柱(又称四坡屋面)和圆台。同理,虽然后面三个物体的俯视图均相同,但结合它们的正视图我们可以得知:第四个物体表达的是被截圆球,而最后一个则是空心圆柱。

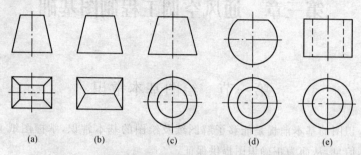

(a)　　(b)　　(c)　　(d)　　(e)

图 2-37　同一组视图结合识读

3. 虚线与实线的对比与分析

在物体的视图中,虚线和实线所表示的含义完全不同,虚线表示的是物体上的不可见部分,如孔、洞、槽等。如图 2-38 所示的两个物体,它们的三视图很相似,唯一的区别就是正视图中的虚线和实线。因此,在读图过程中,要特别注重对实线与虚线的比较与分析。

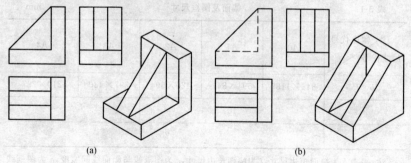

(a)　　　　　　　　　　　　(b)

图 2-38　虚线与实线的对比与分析

第三章　通风空调工程制图基础

第一节　绘图基本常识

识图的基本前提是能够了解图纸及绘图的基本常识,掌握图纸上的基本信息,从而为正确识图提供保证。

一、图面基本格式

1. 图纸幅面

(1)为使图纸能够规范管理,所有设计图纸的幅面均应符合国家标准《房屋建筑制图统一标准》(GB 50001—2010)中要求,图纸幅面及图框尺寸应符合表 3-1 的规定及图 3-1~图 3-4 的格式。

表 3-1　　　　　　　　　　　　幅面及图框尺寸　　　　　　　　　　mm

尺寸代号　　　幅面代号	A0	A1	A2	A3	A4
$b×l$	841×1189	594×841	420×594	297×420	210×297
c		10			5
a			25		

注:表中 b 为幅面短边尺寸,l 为幅面长边尺寸,c 为图框线与幅面线间宽度,a 为图框线与装订边间宽度。

(2)需要微缩复制的图纸,其一个边上应附有一段准确米制尺度,四个边上均附有对中标志,米制尺度的总长应为 100mm,分格应为 10mm。对中标志应画在图纸内框各边长的中点处,线宽 0.35mm,并应伸入内框边,在框外为 5mm。对中标志的线段,于 l_1 和 b_1 范围取中。

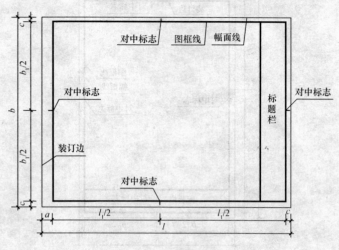

图 3-1　A0～A3 横式幅面(一)

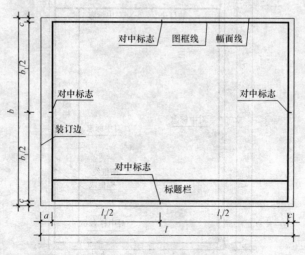

图 3-2　A0～A3 横式幅面(二)

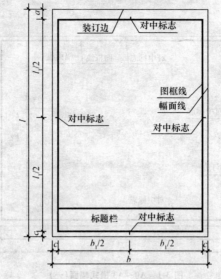

图 3-3 A0～A4 立式幅面(一)

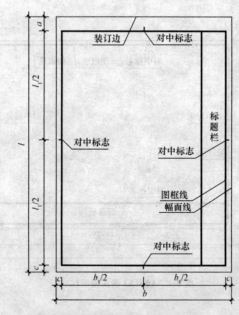

图 3-4 A0～A4 立式幅面(二)

（3）图纸的短边尺寸不应加长，A0～A3 幅面长边尺寸可加长，但应符合表 3-2 的规定。

表 3-2　　　　　　　　　　图纸长边加长尺寸　　　　　　　　　mm

幅面代号	长边尺寸	长边加长后的尺寸		
A0	1189	1486(A0+1/4l)	1635(A0+3/8l)	1783(A0+1/2l)
		1932(A0+5/8l)	2080(A0+3/4l)	2230(A0+7/8l)
		2378(A0+l)		
A1	841	1051(A1+1/4l)	1261(A1+1/2l)	1471(A1+3/4l)
		1682(A1+l)	1892(A1+5/4l)	2012(A1+3/2l)
A2	594	743(A2+1/4l)	891(A2+1/2l)	1041(A2+3/4l)
		1189(A2+l)	1338(A2+5/4l)	1486(A2+3/2l)
		1635(A2+7/4l)	1783(A2+2l)	1932(A2+9/4l)
		2080(A2+5/2l)		
A3	420	630(A3+1/2l)	841(A3+l)	1051(A3+3/2l)
		1261(A3+2l)	1471(A3+5/2l)	1682(A3+3l)
		1892(A3+7/2l)		

注：有特殊需要的图纸，可采用 $b×l$ 为 841mm×891mm 与 1189mm×1261mm 的幅面。

2. 标题栏

图纸中应有标题栏、图框线、幅面线、装订边线和对中标志。图纸的标题栏及装订边的位置，应按照图纸幅面根据横式和立式使用的图纸分别进行布置。

标题栏应符合图 3-5、图 3-6 的规定，根据工程的需要选择确定其尺寸、格式及分区。签字栏应包括实名列和签名列，并应符合下列规定：

（1）涉外工程的标题栏内，各项主要内容的中文下方应附有译文，设计单位的上方或左方，应加"中华人民共和国"字样。

（2）在计算机制图文件中当使用电子签名与认证时，应符合国家有关电子签名法的规定。

3. 图纸编排顺序

一套建筑工程施工图往往有几十张，甚至几百张，为了便于看图与查

图 3-5　标题栏(一)

图 3-6　标题栏(二)

找,往往需要把图纸按顺序编排。一套房屋建筑施工图的编排顺序一般是代表全局性的图纸在前,表示局部的图纸在后;先施工的图纸在前,后施工的图纸在后;重要的图纸在前,次要的图纸在后;基本图纸在前,详图在后。图纸编排时应符合下列要求:

(1)工程图纸应按专业顺序编排,应为图纸目录、总图、建筑图、结构图、给水排水图、暖通空调图、电气图等。

(2)各专业的图纸,应按图纸内容的主次关系、逻辑关系进行分类排序。

二、图线、字体与比例

1. 图线

(1)图线的基本宽度 b 和线宽组,应根据图样的比例、类别及使用方式确定。

(2)基本宽度 b 宜选用 0.18、0.35、0.5、0.7、1.0(mm)。

(3)图样中仅使用两种线宽时,线宽组宜为 b 和 $0.25b$。三种线宽的线宽组宜为 b、$0.5b$ 和 $0.25b$,并应符合表 3-3 的规定。

表 3-3 　　　　　　　　　　　　　　线　　宽　　　　　　　　　　　　　　mm

线宽比	线宽组			
b	1.4	1.0	0.7	0.5
$0.7b$	1.0	0.7	0.5	0.35
$0.5b$	0.7	0.5	0.35	0.25
$0.25b$	0.35	0.25	0.18	(0.13)

注:需要缩微的图纸,不宜采用 0.18 及更细的线宽。

(4)在同一张图纸内,各不同线宽组的细线,可统一采用最小线宽组的细线。

(5)暖通空调专业制图采用的线型及其含义,宜符合表 3-4 的规定。

(6)图样中也可使用自定义图线及含义,但应明确说明,且其含义不应与标准发生矛盾。

表 3-4 　　　　　　　　　　　　线型及其含义

名　称		线　型	线　宽	一般用途
实线	粗		b	单线表示的供水管线
	中粗		$0.7b$	本专业设备轮廓、双线表示的管道轮廓
	中		$0.5b$	尺寸、标高、角度等标注线及引出线;建筑物轮廓
	细		$0.25b$	建筑布置的家具、绿化等;非本专业设备轮廓

（续）

名　称		线　型	线　宽	一般用途
虚线	粗	▬ ▬ ▬ ▬ ▬	b	回水管线及单根表示的管道被遮挡的部分
虚线	中粗	▬ ▬ ▬ ▬ ▬	0.7b	本专业设备及双线表示的管道被遮挡的轮廓
	中	— — — — —	0.5b	地下管沟、改造前风管的轮廓线；示意性连线
	细	- - - - -	0.25b	非本专业虚线表示的设备轮廓等
波浪线	中	∿∿∿∿	0.5b	单线表示的软管
	细	∿∿∿∿	0.25b	断开界线
单点长画线		—·—·—·—	0.25b	轴线、中心线
双点长画线		—··—··—	0.25b	假想或工艺设备轮廓线
折断线		——⟋⟍——	0.25b	断开界线

2. 字体

（1）图纸上所需书写的文字、数字或符号等，均应笔画清晰、字体端正、排列整齐；标点符号应清楚正确。

（2）文字的字高应从表 3-5 中选用。字高大于 10mm 的文字宜采用 True type 字体，当需书写更大的字母，其高度应按 $\sqrt{2}$ 的倍数递增。

表 3-5　　　　　　　　　　　文字的字高　　　　　　　　　　　　　mm

字体种类	中文矢量字体	True type 字体及非中文矢量字体
字高	3.5、5、7、10、14、20	3、4、6、8、10、14、20

（3）图样及说明中的汉字，宜采用长仿宋体或黑体，同一图纸字体种类不应超过两种。长仿宋体的高宽关系应符合表 3-6 的规定，黑体字的宽度与高度应相同。大标题、图册封面、地形图等的汉字，也可书写成其他字体，但应易于辨认。

表 3-6　　　　　　　　　　　长仿宋字高宽关系　　　　　　　　　　　mm

字高	20	14	10	7	5	3.5
字宽	14	10	7	5	3.5	2.5

（4）汉字的简化字书写应符合国家有关汉字简化方案的规定。

（5）图样及说明中的拉丁字母、阿拉伯数字与罗马数字,宜采用单线简体或 ROMAN 字体。拉丁字母、阿拉伯数字与罗马数字的书写规则,应符合表 3-7 的规定。

表 3-7　　　　　　拉丁字母、阿拉伯数字与罗马数字的书写规则

书 写 格 式	字 体	窄 字 体
大写字母高度	h	h
小写字母高度（上下均无延伸）	$7/10h$	$10/14h$
小写字母伸出的头部或尾部	$3/10h$	$4/14h$
笔画宽度	$1/10h$	$1/14h$
字母间距	$2/10h$	$2/14h$
上下行基准线的最小间距	$15/10h$	$21/14h$
词间距	$6/10h$	$6/14h$

（6）拉丁字母、阿拉伯数字与罗马数字,当需写成斜体字时,其斜度应是从字的底线逆时针向上倾斜 75°。斜体字的高度和宽度应与相应的直体字相等。

（7）拉丁字母、阿拉伯数字与罗马数字的字高,不应小于 2.5mm。

（8）数量的数值注写,应采用正体阿拉伯数字。各种计量单位凡前面有量值的,均应采用国家颁布的单位符号注写。单位符号应采用正体字母。

（9）分数、百分数和比例数的注写,应采用阿拉伯数字和数学符号。

（10）当注写的数字小于 1 时,应写出各位的"0",小数点应采用圆点,齐基准线书写。

（11）长仿宋汉字、拉丁字母、阿拉伯数字与罗马数字示例应符合现行国家标准《技术制图　字体》(GB/T 14691—1993)的有关规定。

3. 比例

(1)总平面图、平面图的比例,宜与工程项目设计的主导专业一致。

1)图样的比例,应为图形与实物相对应的线性尺寸之比。

2)比例的符号应为"：",比例应以阿拉伯数字表示。

3)比例宜注写在图名的右侧,字的基准线应取平;比例的字高宜比图名的字高小一号或二号(图3-7)。

平面图 1:100　　　⑥ 1:20

图3-7　比例的注写

4)绘图所用的比例应根据图样的用途与被绘对象的复杂程度,从表3-8中选用,并应优先采用表中常用比例。

表3-8　　　　　　　　　　**绘图所用的比例**

常用比例	1:1,1:2,1:5,1:10,1:20,1:30,1:50,1:100,1:150,1:200, 1:500,1:1000,1:2000
可用比例	1:3,1:4,1:6,1:15,1:25,1:40,1:60,1:80,1:250,1:300, 1:400,1:600,1:5000,1:10000,1:20000,1:50000, 1:100000,1:200000

5)一般情况下,一个图样应选用一种比例。根据专业制图需要,同一图样可选用两种比例。

6)特殊情况下也可自选比例,这时除应注出绘图比例外,还应在适当位置绘制出相应的比例尺。

(2)除上述(1)的规定外,其余可按表3-9选用。

表3-9　　　　　　　　　　**比　　例**

图　　名	常用比例	可用比例
剖面图	1:50,1:100	1:150,1:200
局部放大图、 管沟断面图	1:20,1:50,1:100	1:25,1:30、 1:50,1:200
索引图、详图	1:1,1:2,1:5、 1:10,1:20	1:3,1:4,1:15

三、通用符号

1. 指北针

指北针的形状应符合图 3-8 的规定,其圆的直径宜为 24mm,用细实线绘制;指针尾部的宽度宜为 3mm,指针头部应注"北"或"N"字。需用较大直径绘制指北针时,指针尾部的宽度宜为直径的 1/8。

北

图 3-8　指北针

2. 剖视符号

(1)剖视的剖切符号应由剖切位置线及剖视方向线组成,均应以粗实线绘制。剖视的剖切符号应符合下列规定:

1)剖切位置线的长度宜为 6～10mm;剖视方向线应垂直于剖切位置线,长度应短于剖切位置线,宜为 4～6mm(图 3-9),也可采用国际统一和常用的剖视方法,如图 3-10 所示。绘制时,剖视剖切符号不应与其他图线相接触;

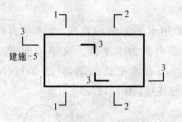

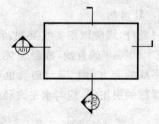

图 3-9　剖视的剖切符号(一)　　　　**图 3-10　剖视的剖切符号(二)**

2)剖视剖切符号的编号宜采用粗阿拉伯数字,按剖切顺序由左至右、由下向上连续编排,并应注写在剖视方向线的端部;

3)需要转折的剖切位置线,应在转角的外侧加注与该符号相同的编号;

4)建(构)筑物剖面图的剖切符号应注在±0.000 标高的平面图或首层平面图上;

5)局部剖面图(不含首层)的剖切符号应注在包含剖切部位的最下面一层的平面图上。

(2)断面的剖切符号应符合下列规定:

1)断面的剖切符号应只用剖切位置线表示,并应以粗实线绘制,长度宜为6~10mm;

2)断面剖切符号的编号宜采用阿拉伯数字,按顺序连续编排,并应注写在剖切位置线的一侧;编号所在的一侧应为该断面的剖视方向(图3-11)。

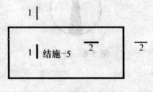

图3-11　断面的剖切符号

(3)剖面图或断面图,当与被剖切图样不在同一张图内,应在剖切位置线的另一侧注明其所在图纸的编号,也可以在图上集中说明。

四、设备和零部件编号

1.引出线

(1)引出线应以细实线绘制,宜采用水平方向的直线,与水平方向成30°、45°、60°、90°的直线,或经上述角度再折为水平线。文字说明宜注写在水平线的上方[图 3-12(a)],也可注写在水平线的端部[图 3-12(b)]。索引详图的引出线,应与水平直径线相连接[图 3-12(c)]。

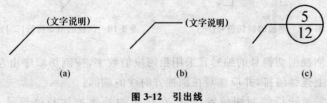

图3-12　引出线

(2)同时引出的几个相同部分的引出线,宜互相平行图[3-13(a)],也可画成集中于一点的放射线图[3-13(b)]。

图 3-13　共用引出线

（3）多层构造或多层管道共用引出线,应通过被引出的各层,并用圆点示意对应各层次。文字说明宜注写在水平线的上方,或注写在水平线的端部,说明的顺序应由上至下,并应与被说明的层次对应一致;如层次为横向排序,则由上至下的说明顺序应与由左至右的层次对应一致(图 3-14)。

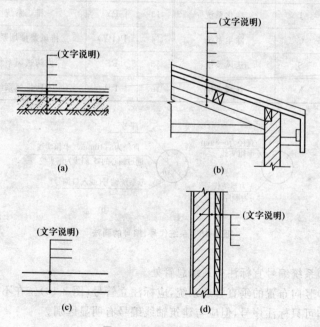

图 3-14　多层共用引出线

2. 系统编号

一个工程设计中同时有供暖、通风、空调等两个及以上的不同系统时,应进行系统编号。

（1）暖通空调系统编号、入口编号，应由系统代号和顺序号组成。

（2）系统代号用大写拉丁字母表示（表 3-10），顺序号用阿拉伯数字表示如图 3-15 所示。当一个系统出现分支时，可采用图 3-15（b）的画法。

表 3-10　　　　　　　　　　　系统代号

序号	字母代号	系统名称	序号	字母代号	系统名称
1	N	（室内）供暖系统	9	H	回风系统
2	L	制冷系统	10	P	排风系统
3	R	热力系统	11	XP	新风换气系统
4	K	空调系统	12	JY	加压送风系统
5	J	净化系统	13	PY	排烟系统
6	C	除尘系统	14	P(PY)	排风兼排烟系统
7	S	送风系统	15	RS	人防送风系统
8	X	新风系统	16	RP	人防排风系统

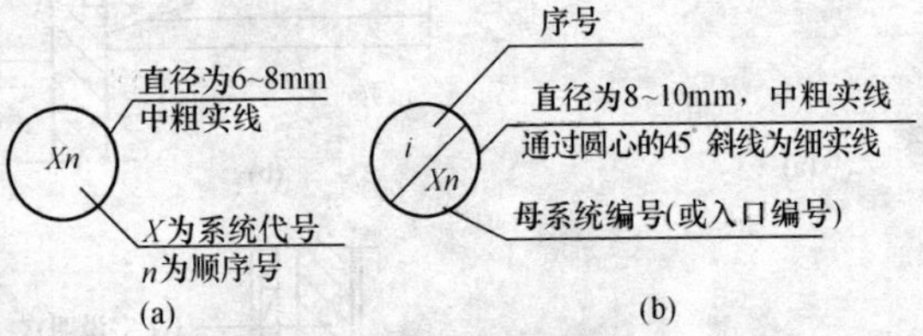

图 3-15　系统代号、编号的画法

（3）系统编号宜标注在系统总管处。

（4）竖向布置的垂直管道系统，应标注立管号（图 3-16）。在不致引起误解时，可只标注序号，但应与建筑轴线编号有明显区别。

图 3-16　立管号的画法

第二节　制图基本规定

一、管道规格与标注

1. 管道规格

管道规格的单位应为毫米,可省略不写。

管道规格应注写在管道代号之后,其注写方法应符合下列规定:

(1)低压流体输送用焊接钢管应用公称直径表示。

(2)输送流体用无缝钢管、螺旋缝或直缝焊接钢管,当需要注明外径和壁厚时,应在外径×壁厚数值前冠以"ϕ"表示。不需要注明时,可采用公称直径表示。

2. 管道标注

(1)水平管道的规格宜标注在管道的上方;竖向管道的规格宜标注在管道的左侧。双线表示的管道,其规格可标注在管道轮廓线内(图3-17)。

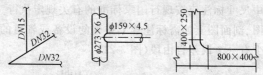

图 3-17　管道截面尺寸的画法

(2)当斜管道不在图3-18所示的30°范围内时,其管径(压力)、尺寸应平行标在管道的斜上方。不用图3-18所示的方法标注时,可用引出线标注。

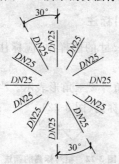

图 3-18　管径(压力)的标注位置示例

（3）多条管线的规格标注方法见图3-19。

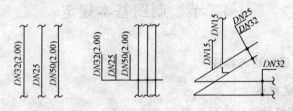

图3-19　多条管线规格的画法

（4）风口散流器的表示方法见图3-20。

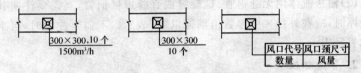

图3-20　风口、散流器的表示方法

（5）图样中尺寸标注应按现行国家标准的有关规定执行。

（6）平面图、剖面图上如需标注连续排列的设备或管道的定位尺寸和标高时，应至少有一个误差自由段（图3-21）。

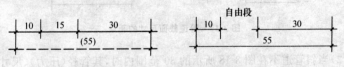

图3-21　定位尺寸的表示方式

二、标高、管径（压力）标注

（1）在无法标注垂直尺寸的图样中，应标注标高。标高应以 m 为单位，并应精确到 cm 或 mm。

（2）标高符号应以直角等腰三角形表示。当标准层较多时，可只标注与本层楼（地）板面的相对标高（图3-22）。

图3-22　相对标高的画法

（3）水、汽管道所注标高未予说明时,应表示为管中心标高。

（4）水、汽管道标注管外底或顶标高时,应在数字前加"底"或"顶"字样。

（5）矩形风管所注标高应表示管底标高;圆形风管所注标高应表示管中心标高。当不采用此方法标注时,应进行说明。

（6）低压流体输送用焊接管道规格应标注公称通径或压力。公称通径的标记应由字母"DN"后跟一个以毫米表示的数值组成;公称压力的代号应为"PN"。

（7）输送流体用无缝钢管、螺旋缝或直缝焊接钢管、铜管、不锈钢管,当需要注明外径和壁厚时,应用"D(或 ø)外径×壁厚"表示。在不致引起误解时,也可采用公称通径表示。

（8）塑料管外径应用"de"表示。

（9）圆形风管的截面定型尺寸应以直径"ø"表示,单位应为 mm。

（10）矩形风管(风道)的截面定型尺寸应以"A×B"表示。"A"应为该视图投影面的边长尺寸,"B"应为另一边尺寸。A、B 单位均应为 mm。

（11）平面图中无坡度要求的管道标高可标注在管道截面尺寸后的括号内。必要时,应在标高数字前加"底"或"顶"的字样。

三、尺寸标注

1. 尺寸界线、尺寸线及尺寸起止符号

（1）图样上的尺寸,应包括尺寸界线、尺寸线、尺寸起止符号和尺寸数字(图 3-23)。

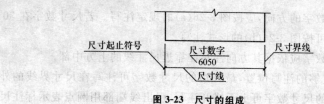

尺寸起止符号　尺寸数字　尺寸界线
6050
尺寸线

图 3-23　尺寸的组成

（2）尺寸界线应用细实线绘制,应与被注长度垂直,其一端应离开图样轮廓线不应小于 2mm,另一端宜超出尺寸线 2～3mm。图样轮廓线可用作尺寸界线(图 3-24)。

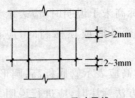

图 3-24　尺寸界线

（3）尺寸线应用细实线绘制，应与被注长度平行。图样本身的任何图线均不得用作尺寸线。

（4）尺寸起止符号用中粗斜短线绘制，其倾斜方向应与尺寸界线成顺时针 45°角，长度宜为 2～3mm。半径、直径、角度与弧长的尺寸起止符号，宜用箭头表示（图 3-25）。

图 3-25　箭头尺寸起止符号

2. 尺寸数字

（1）图样上的尺寸，应以尺寸数字为准，不得从图上直接量取。

（2）图样上的尺寸单位，除标高及总平面以米为单位外，其他必须以毫米为单位。

（3）尺寸数字的方向，应按图 3-26(a) 的规定注写。若尺寸数字在 30°斜线区内，也可按图 3-26(b) 的形式注写。

（4）尺寸数字应依据其方向注写在靠近尺寸线的上方中部。

如没有足够的注写位置，最外边的尺寸数字可注写在尺寸界线的外侧，中间相邻的尺寸数字可上下错开注写，引出线端部用圆点表示标注尺寸的位置（图 3-27）。

3. 尺寸排列与布置

（1）尺寸宜标注在图样轮廓以外，不宜与图线、文字及符号等相交（图 3-28）。

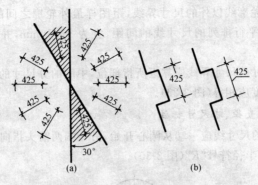

图 3-26 尺寸数字的注写方向

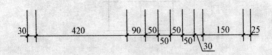

图 3-27 尺寸数字的注写位置

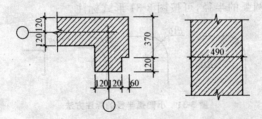

图 3-28 尺寸数字的注写

(2)互相平行的尺寸线,应从被注写的图样轮廓线由近向远整齐排列,较小尺寸应离轮廓线较近,较大尺寸应离轮廓线较远(图 3-29)。

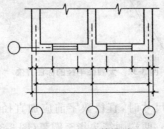

图 3-29 尺寸的排列

（3）图样轮廓线以外的尺寸界线，距图样最外轮廓之间的距离，不宜小于 10mm。平行排列的尺寸线的间距，宜为 7～10mm，并应保持一致（图 3-29）。

（4）总尺寸的尺寸界线应靠近所指部位，中间的分尺寸的尺寸界线可稍短，但其长度应相等（图 3-29）。

4. 半径、直径、球尺寸标注

（1）半径的尺寸线应一端从圆心开始，另一端两箭头指向圆弧。半径数字前应加注半径符号"*R*"（图 3-30）。

图 3-30　半径标注方法

（2）较小圆弧的半径，可按图 3-31 形式标注。

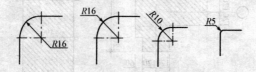

图 3-31　小圆弧半径的标注方法

（3）较大圆弧的半径，可按图 3-32 形式标注。

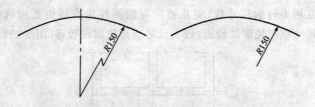

图 3-32　大圆弧半径的标注方法

（4）标注圆的直径尺寸时，直径数字前应加直径符号"*ϕ*"。在圆内标注的尺寸线应通过圆心，两端画箭头指至圆弧（图 3-33）。

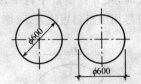

图 3-33　圆直径的标注方法

（5）较小圆的直径尺寸,可标注在圆外（图 3-34）。

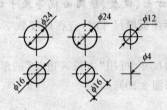

图 3-34　小圆直径的标注方法

（6）标注球的半径尺寸时,应在尺寸前加注符号"SR"。标注球的直径尺寸时,应在尺寸数字前加注符号"Rø"。注写方法与圆弧半径和圆直径的尺寸标注方法相同。

5. 角度、弧度、弧长标注

（1）角度的尺寸线应以圆弧表示。该圆弧的圆心应是该角的顶点,角的两条边为尺寸界线。起止符号应以箭头表示,如没有足够位置画箭头,可用圆点代替,角度数字应沿尺寸线方向注写（图 3-35）。

（2）标注圆弧的弧长时,尺寸线应以与该圆弧同心的圆弧线表示,尺寸界线应指向圆心,起止符号用箭头表示,弧长数字上方应加注圆弧符号"⌒"（图 3-36）。

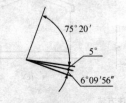

图 3-35　角度标注方法　　　　　图 3-36　弧长标注方法

(3)标注圆弧的弦长时,尺寸线应以平行于该弦的直线表示,尺寸界线应垂直于该弦,起止符号用中粗斜短线表示(图 3-37)。

图 3-37　弦长标注方法

6. 薄板厚度、正方形、坡度、非圆曲线等尺寸标注

(1)在薄板板面标注板厚尺寸时,应在厚度数字前加厚度符号"t"(图 3-38)。

(2)标注正方形的尺寸,可用"边长×边长"的形式,也可在边长数字前加正方形符号"□"(图 3-39)。

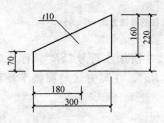

图 3-38　薄板厚度标注方法

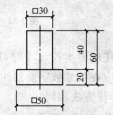

图 3-39　标注正方形尺寸

(3)标注坡度时,应加注坡度符号"←"[图 3-40(a)、(b)],该符号为单面箭头,箭头应指向下坡方向。坡度也可用直角三角形形式标注[图 3-40(c)]。

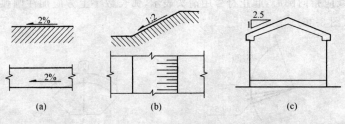

图 3-40　坡度标注方法

（4）外形为非圆曲线的构件，可用坐标形式标注尺寸（图3-41）。

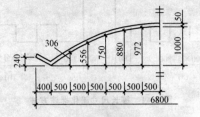

图3-41　坐标法标注曲线尺寸

（5）复杂的图形，可用网格形式标注尺寸（图3-42）。

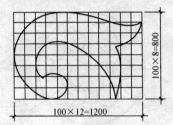

图3-42　网格法标注曲线尺寸

7. 尺寸简化标注

（1）杆件或管线的长度，在单线图（桁架简图、钢筋简图、管线简图）上，可直接将尺寸数字沿杆件或管线的一侧注写（图3-43）。

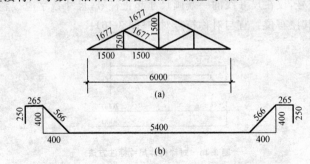

图3-43　单线图尺寸标注方法

（2）连续排列的等长尺寸，可用"等长尺寸×个数＝总长"[图3-44（a）]或"等分×个数＝总长"[图3-44（b）]的形式标注。

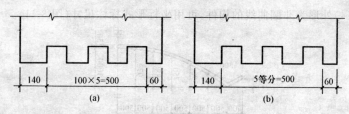

图 3-44　等长尺寸简化标注方法

（3）构配件内的构造因素（如孔、槽等）如相同，可仅标注其中一个要素的尺寸（图 3-45）。

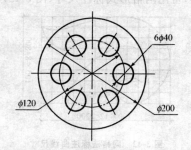

图 3-45　相同要素尺寸标注方法

（4）对称构配件采用对称省略画法时，该对称构配件的尺寸线应略超过对称符号，仅在尺寸线的一端画尺寸起止符号，尺寸数字应按整体全尺寸注写，其注写位置宜与对称符号对齐（图 3-46）。

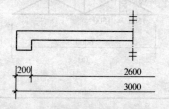

图 3-46　对称构件尺寸标注方法

（5）两个构配件，如个别尺寸数字不同，可在同一图样中将其中一个构配件的不同尺寸数字注写在括号内，该构配件的名称也应注写在相应的括号内（图 3-47）。

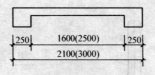

图 3-47　相似构件尺寸标注方法

（6）数个构配件，如仅某些尺寸不同，这些有变化的尺寸数字，可用拉丁字母注写在同一图样中，另列表格写明其具体尺寸（图 3-48）。

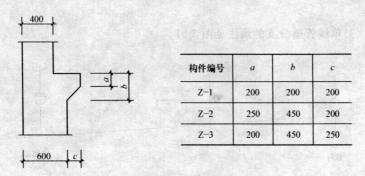

构件编号	a	b	c
Z-1	200	200	200
Z-2	250	450	200
Z-3	200	450	250

图 3-48　相似构配件尺寸表格式标注方法

四、管道画法

（1）单线管道转向的画法见图 3-49。

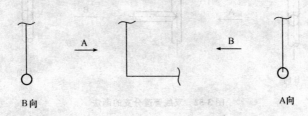

图 3-49　单线管道转向的画法

（2）双线管道转向的画法见图 3-50。

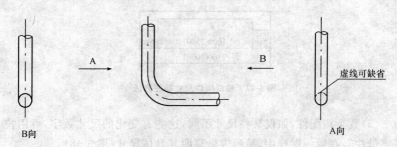

图 3-50 双线管道转向的画法

（3）单线管道分支的画法见图 3-51。

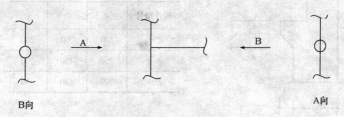

图 3-51 单线管道分支的画法

（4）双线管道分支的画法见图 3-52。

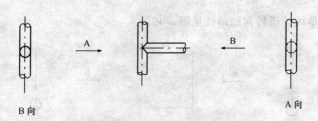

图 3-52 双线管道分支的画法

（5）送风管转向的画法见图 3-53。

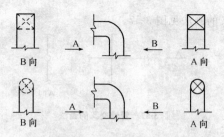

图 3-53　送风管转向的画法

(6)回风管转向的画法见图 3-54。

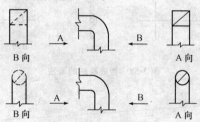

图 3-54　回风管转向的画法

(7)平面图、剖视图中管道因重叠、密集需断开时,应采用断开画法(图 3-55)。

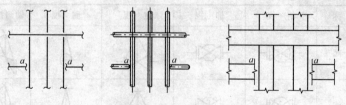

图 3-55　管道断开的画法

(8)管道在本图中断,转至其他图面表示(或由其他图面引来)时,应注明转至(或来自的)的图纸编号(图 3-56)。

图 3-56　管道在本图中断的画法

（9）管道交叉的画法见图 3-57。

图 3-57　管道交叉的画法

（10）管道跨越的画法见图 3-58。

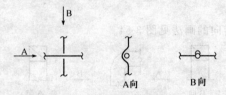

图 3-58　管道跨越的画法

五、阀门画法

（1）管道中常用阀门画法。管道图中常用阀门的画法应符合表 3-11 的规定。阀体长度、法兰直径、手轮直径及阀杆长度宜按比例用细实线绘制。阀杆尺寸宜取其全开位置时的尺寸，阀杆方向应符合设计要求。

表 3-11　　　　　　　　　管道中常用阀门画法

名　称	俯　视	仰　视	主　视	侧　视	轴测投影
截止阀					
闸　阀					
蝶　阀					
弹簧式 安全阀					

注：本表以阀门与管道法兰连接为例编制。

(2)电动、气动、液动、自动阀门画法。按比例绘制简化实物外形、附属驱动装置和信号传递装置。

第三节　常用代号和图例

管道、管路附件和管线设施的代号应用大写英文字母表示。不同的管道应用代号及管道规格来区别。管道采用单线绘制且根数较少时,可采用不同线型加注管道规格来区别,但应列出所用线型并加以注释。

同一工程图样中所采用的代号和图形符号宜集中列出,并加以注释。

一、水、汽管道

(1)水、汽管道可用线型区分,也可用代号区分。水、汽管道代号宜按表 3-12 采用。

表 3-12　　　　　　　　　　水、汽管道代号

序　号	代　号	管道名称	备　注
1	RG	采暖热水供水管	可附加 1、2、3 等表示一个代号、不同参数的多种管道
2	RH	采暖热水回水管	可通过实线、虚线表示供、回关系省略字母 G、H
3	LG	空调冷水供水管	—
4	LH	空调冷水回水管	—
5	KRG	空调热水供水管	—
6	KRH	空调热水回水管	—
7	LRG	空调冷、热水供水管	—
8	LRH	空调冷、热水回水管	—
9	LQG	冷却水供水管	—
10	LQH	冷却水回水管	—
11	n	空调冷凝水管	—
12	PZ	膨胀水管	—
13	BS	补水管	—

（续）

序　号	代　号	管道名称	备　注
14	X	循环管	—
15	LM	冷媒管	—
16	YG	乙二醇供水管	—
17	YH	乙二醇回水管	—
18	BG	冰水供水管	—
19	BH	冰水回水管	—
20	ZG	过热蒸汽管	—
21	ZB	饱和蒸汽管	可附加1、2、3等表示一个代号、不同参数的多种管道
22	Z2	二次蒸汽管	—
23	N	凝结水管	—
24	J	给水管	—
25	SR	软化水管	—
26	CY	除氧水管	—
27	GG	锅炉进水管	—
28	JY	加药管	—
29	YS	盐溶液管	—
30	XI	连续排污管	—
31	XD	定期排污管	—
32	XS	泄水管	—
33	YS	溢水（油）管	—
34	R_1G	一次热水供水管	—
35	R_1H	一次热水回水管	—
36	F	放空管	—
37	FAQ	安全阀放空管	—
38	O1	柴油供油管	—
39	O2	柴油回油管	—
40	OZ1	重油供油管	—
41	OZ2	重油回油管	—
42	OP	排油管	—

（2）自定义水、汽管道代号不应与上述"（1）"的规定矛盾，并应在相应图面说明。

（3）水、汽管道阀门和附件的图例宜按表 3-13 采用。

表 3-13　　　　　　　　　水、汽管道阀门和附件图例

序号	名　称	图　例	备　注
1	截止阀		—
2	闸阀		—
3	球阀		—
4	柱塞阀		—
5	快开阀		—
6	蝶阀		
7	旋塞阀		—
8	止回阀		
9	浮球阀		—
10	三通阀		—
11	平衡阀		—
12	定流量阀		—
13	定压差阀		—
14	自动排气阀		—
15	集气罐、放气阀		—
16	节流阀		—

（续一）

序号	名　称	图　例	备　注
17	调节止回关断阀		水泵出口用
18	膨胀阀		—
19	排入大气或室外		—
20	安全阀		—
21	角阀		—
22	底阀		—
23	漏斗		—
24	地漏		—
25	明沟排水		—
26	向上弯头		—
27	向下弯头		—
28	法兰封头或管封		—
29	上出三通		—
30	下出三通		—
31	变径管		—
32	活接头或法兰连接		—
33	固定支架		—
34	导向支架		—

（续二）

序号	名　称	图　例	备　注
35	活动支架		—
36	金属软管		—
37	可屈挠橡胶软接头		—
38	Y形过滤器		—
39	疏水器		—
40	减压阀		左高右低
41	直通型（或反冲型）除污器		—
42	除垢仪	E	—
43	补偿器		—
44	矩形补偿器		—
45	套管补偿器		—
46	波纹管补偿器		—
47	弧形补偿器		—
48	球形补偿器		—
49	伴热管		—
50	保护套管		—
51	爆破膜		

（续三）

序号	名　称	图　例	备　注
52	阻火器	▨	—
53	节流孔板、减压孔板	┤├	—
54	快速接头	┤□├	—
55	介质流向	→ 或 ⇒	在管道断开处时，流向符号宜标注在管道中心线上，其余可同管径标注位置
56	坡度及坡向	$i=0.003$ 或 —→ $i=0.003$	坡度数值不宜与管道起、止点标高同时标注。标注位置同管径标注位置

二、风道

（1）风道代号宜按表 3-14 采用。

表 3-14　　　　　　　　　　　风道代号

序　号	代　号	管道名称	备　注
1	SF	送风管	—
2	HF	回风管	一、二次回风可附加 1、2 区别
3	PF	排风管	—
4	XF	新风管	—
5	PY	消防排烟风管	—
6	ZY	加压送风管	—
7	P(Y)	排风排烟兼用风管	—
8	XB	消防补风风管	—
9	S(B)	送风兼消防补风风管	—

（2）自定义风道代号不应与上述"（1）"的规定矛盾，并应在相应图面说明。

（3）风道、阀门及附件的图例宜按表 3-15～表 3-17 采用。

表 3-15　　　　　　　　　　风道、阀门及附件图例

序号	名　称	图　例	备　注
1	矩形风管	***×***	宽×高（mm）
2	圆形风管	ϕ***	ϕ 直径（mm）
3	风管向上		—
4	风管向下		—
5	风管上升摇手弯		—
6	风管下降摇手弯		—
7	天圆地方		左接矩形风管，右接圆形风管
8	软风管		—
9	圆弧形弯头		—
10	带导流片的矩形弯头		—
11	消声器		

（续一）

序号	名　称	图　例	备　注
12	消声弯头		—
13	消声静压箱		—
14	风管软接头		—
15	对开多叶调节风阀		—
16	蝶阀		—
17	插板阀		—
18	止回风阀		—
19	余压阀	DPV　　DPV	—
20	三通调节阀		—
21	防烟、防火阀	***　　***	＊＊＊表示防烟、防火阀名称代号，代号说明另见表3-16
22	方形风口		—
23	条缝形风口		—

（续二）

序号	名　称	图　例	备　注
24	矩形风口		—
25	圆形风口	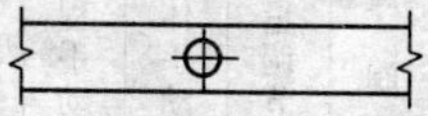	—
26	侧面风口		—
27	防雨百叶		—
28	检修门	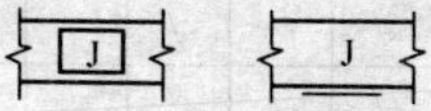	—
29	气流方向		左为通用表示法，中表示送风，右表示回风
30	远程手控盒	B	防排烟用
31	防雨罩		—

表 3-16　　　　　　　　防烟、防火阀功能

符　号	说　明
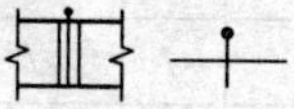	防烟、防火阀功能表
*** 　　***	防烟、防火阀功能代号

（续）

阀体中文名称	阀体代号	1 防烟防火	2 风阀	3 风量调节	4 阀体手动	5 远程手动	6*1 常闭	7*2 电动控制一次动作	8*2 电动控制反复动作	9 70℃自动关闭	10 280℃自动关闭	11*3 阀体动作反馈信号
70℃防烟防火阀	FD*4	√	√		√					√		
	FVD*4	√	√	√	√					√		
	FDS*4	√	√		√					√		√
	FDVS*4	√	√	√	√					√		√
	MED	√	√		√			√		√		
	MEC	√	√		√		√	√		√		
	MEE	√	√		√				√	√		
	BED	√	√		√	√				√		
	BEC	√	√		√	√	√			√		
	BEE	√	√	√	√	√			√	√		√
280℃防烟防火阀	FDH	√	√		√						√	
	FVDH	√	√	√	√						√	
	FDSH	√	√		√						√	√
	FVSH	√	√	√	√						√	√
	MECH	√	√		√		√	√			√	√
	MEEH	√	√		√				√		√	√
	BECH	√	√		√	√	√				√	√
	BEEH	√	√	√	√	√			√		√	√
板式排烟口	PS	√			√	√	√				√	
多叶排烟口	GS	√			√	√	√				√	
多叶送风口	GP	√			√					√		
防火风口	GF	√			√					√		

注：1. 除表中注明外，其余的均为常开型；且所用的阀体在动作后均可手动复位。

　　2. 消防电源（24VDC），由消防中心控制。

3. 阀体需要符合信号反馈要求的接点。

4. 若仅用于厨房烧煮区平时排风系统,其动作装置的工作温度应当由 70℃ 改为 150℃。

表 3-17　　　　　　　　　　　　风口和附件代号

序号	代号	图　例	备　注
1	AV	单层格栅风口,叶片垂直	—
2	AH	单层格栅风口,叶片水平	—
3	BV	双层格栅风口,前组叶片垂直	—
4	BH	双层格栅风口,前组叶片水平	—
5	C*	矩形散流器,* 为出风面数量	—
6	DF	圆形平面散流器	—
7	DS	圆形凸面散流器	—
8	DP	圆盘形散流器	—
9	DX*	圆形斜片散流器,* 为出风面数量	—
10	DH	圆环形散流器	—
11	E*	条缝形风口,* 为条缝数	—
12	F*	细叶形斜出风散流器,* 为出风面数量	—
13	FH	门铰形细叶形回风口	—
14	G	扁叶形直出风散流器	—
15	H	百叶回风口	—
16	HH	门铰形百叶回风口	—
17	J	喷口	—
18	SD	旋流风口	—
19	K	蛋格形风口	—
20	KH	门铰形蛋格式回风口	—
21	L	花板回风口	—
22	CB	自垂百叶	—
23	N	防结露送风口	冠于所用类型风口代号前

（续）

序号	代号	图　例	备　注
24	T	低温送风口	冠于所用类型 风口代号前
25	W	防雨百叶	—
26	B	带风口风箱	—
27	D	带风阀	—
28	F	带过滤网	—

三、暖通空调设备

暖通空调设备的图例宜按表 3-18 采用。

表 3-18　　　　　　　　　暖通空调设备图例

序号	名　称	图　例	备　注
1	散热器及手动 放气阀	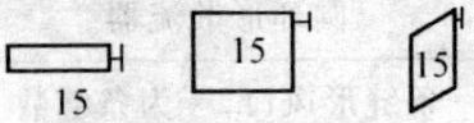 15　15　15	左为平面图画法，中为 剖面图画法，右为系统图 （Y 轴侧）画法
2	散热器及温控阀	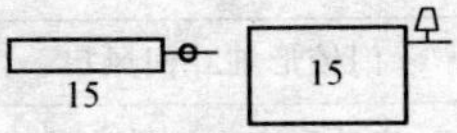 15　15	—
3	轴流风机	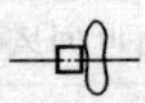	—
4	轴（混）流式 管道风机	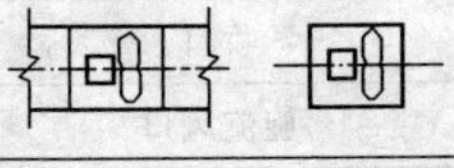	—
5	离心式管道风机	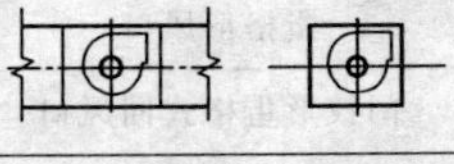	—
6	吊顶式排气扇		—
7	水泵		—

（续一）

序号	名　称	图　例	备　注
8	手摇泵		—
9	变风量末端		—
10	空调机组加热、冷却盘管		从左到右分别为加热、冷却及双功能盘管
11	空气过滤器		从左至右分别为粗效、中效及高效
12	挡水板		
13	加湿器		
14	电加热器		
15	板式换热器		
16	立式明装风机盘管		—
17	立式暗装风机盘管		—
18	卧式明装风机盘管		—
19	卧式暗装风机盘管		—

（续二）

序号	名　称	图　例	备　注
20	窗式空调器	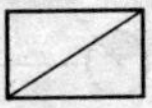	—
21	分体空调器	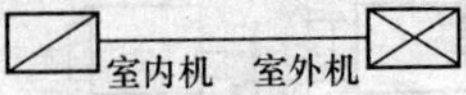 室内机　室外机	—
22	射流诱导风机	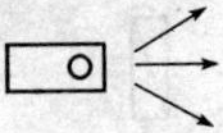	—
23	减振器		左为平面图画法，右为剖面图画法

四、调控装置及仪表

调控装置及仪表的图例宜按表 3-19 采用。

表 3-19　　　　　　　　　调控装置及仪表图例

序号	名　称	图　例
1	温度传感器	T
2	湿度传感器	H
3	压力传感器	P
4	压差传感器	ΔP
5	流量传感器	F
6	烟感器	S
7	流量开关	FS
8	控制器	C
9	吸顶式温度感应器	 T

（续）

序号	名　称	图　例
10	温度计	
11	压力表	
12	流量计	F.M
13	能量计	E.M
14	弹簧执行机构	
15	重力执行机构	
16	记录仪	
17	电磁（双位）执行机构	
18	电动（双位）执行机构	
19	电动（调节）执行机构	
20	气动执行机构	
21	浮力执行机构	
22	数字输入量	DI
23	数字输出量	DO
24	模拟输入量	AI
25	模拟输出量	AO

注：各种执行机构可与风阀、水阀组合表示相应功能的控制阀门。

第四章　通风空调系统加工图绘制

第一节　通风配管尺寸计算

一、弯管

如图 4-1 所示，ϕ、R、α 是弯管加工制造的基本尺寸，A、B 是弯管的安装尺寸。弯管的安装尺寸 A、B 与弯管的加工制造尺寸 R、α 之间的关系按照下列公式进行计算：

$$A = R - R\cos\alpha = R(1 - \cos\alpha)$$

$$B = R\sin\alpha$$

$$R = \frac{A}{1 - \cos\alpha} = \frac{B}{\sin\alpha}$$

弯管安装尺寸 A、B 与加工制造尺寸 R、α 相互间关系的计算数据见表 4-1。通风配管时，可以直接查表选用。

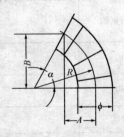

图 4-1　弯管的基本尺寸

如果所采用弯管的弯曲半径 R 的尺寸在表中查不到，可以应用公式计算出所需要的尺寸，也可以应用内插计算法在表 4-1 的基础上计算出所需要的尺寸。

表 4-1　　　　　　　　　　　　　　弯管尺寸　　　　　　　　　　　　　mm

α 尺寸 R	90°		75°		60°		45°		30°		15°	
	A	B	A	B	A	B	A	B	A	B	A	B
100	100	100	74.1	96.6	50	86.6	29.3	70.7	13.4	50	3.4	25.9
120	120	120	88.9	115.9	60	103.9	35.2	84.8	16.1	60	4.1	31.1
140	140	140	103.7	135.2	70	121.2	41	99	18.8	70	4.8	36.3
160	160	160	118.6	154.6	80	138.6	46.9	113.1	21.4	80	5.4	41.4
180	180	180	133.4	173.9	90	155.9	52.7	127.3	24.1	90	6.1	46.6
200	200	200	148.2	193.2	100	173.2	58.6	141.4	26.8	100	6.8	51.8
220	220	220	163	212.5	110	190.5	64.5	155.5	29	110	7.5	56.9
250	250	250	185.3	241.0	125	216.4	73.3	176.7	33.5	125	8.5	64.8
280	280	280	270.5	207.5	140	242.5	82	198	37.5	140	9.5	72.5
320	320	320	237.1	309.1	160	277.1	93.8	226.2	42.9	160	10.9	82.9
360	360	360	266.7	347.7	180	311.8	105.5	254.5	48.2	180	12.2	93.2
400	400	400	296.4	386	200	346.4	117.2	282.8	53.6	200	13.6	103.6
450	450	450	334.0	434.0	225	389.3	132.0	318.0	60.4	225	15.3	116.5
500	500	500	370.5	483	250	433	146.6	353.6	67	250	17	129.5
560	560	560	414.9	540.9	280	485	164.3	395.9	75	280	19	145
630	630	630	467.0	608.0	315	546.0	184.5	446.0	84.4	315	21.4	163.3
700	700	700	518.7	676.2	350	606.2	205.1	494.9	93.8	350	23.8	181.3
800	800	800	592.8	772.8	400	692.8	234.4	565.6	107.2	400	27.2	207.2
900	900	900	666.9	869.4	450	779.4	263.7	636.3	120.6	450	30.6	233.1
1120	1120	1120	829.9	1081.9	560	969.9	328.2	791.8	150.1	560	38.1	290.1
1250	1250	1250	926.0	1206.0	625	1083.0	366.6	884.5	167.5	625	42.5	324.0
1400	1400	1400	1037.4	1352.4	700	1212.4	410.2	989.8	187.9	700	47.6	362.6
1600	1600	1600	1185.6	1545.6	800	1385.6	468.8	1131.2	214.9	800	54.4	414.4
1800	1800	1800	1333.8	1738.8	900	1558.7	527.4	1272.6	241.2	900	61.2	466.2
2000	2000	2000	1482	1932	1000	1732	586	1414	268	1000	68	518

（续）

R 尺寸	90° A	90° B	75° A	75° B	60° A	60° B	45° A	45° B	30° A	30° B	15° A	15° B
2020	2020	2020	1496.8	1951.3	1010	1749.3	591.8	1428.1	270.7	1010	68.7	523.2
2040	2040	2040	1511.6	1970.6	1020	1766.6	597.9	1442.3	273.3	1020	69.4	528.4
2060	2060	2060	1526.5	1989.9	1030	1783.9	603.6	1456.4	276	1030	70	533.5
2080	2080	2080	1541.3	2009.3	1040	1801.3	609.4	1470.5	278.7	1040	70.7	538.7
2100	2100	2100	1556.1	2028.6	1050	1818.6	615.3	1484.7	281.4	1050	71.4	543.9
2120	2120	2120	1570.9	2047.9	1060	1835.9	621.2	1498.7	284.1	1060	72.1	549.1
2140	2140	2140	1585.7	2067.2	1070	1853.2	627	1512.9	286.7	1070	72.7	554.3
2160	2160	2160	1600.5	2086.6	1080	1870.5	632.8	1527.1	289.4	1080	73.4	559.4
2180	2180	2180	1615.4	2105.8	1090	1887.8	638.7	1541.3	292.1	1090	74.1	564.6
2200	2200	2200	1630.2	2125.2	1100	1905.2	644.6	1555.4	294.8	1100	74.8	569.8
2220	2220	2220	1645	2144.5	1110	1922.5	650.5	1569.5	297.4	1110	75.5	575
2240	2240	2240	1659.8	2163.8	1120	1939.8	656.3	1583.7	300.2	1120	76.2	580.2
2260	2260	2260	1674.6	2183.2	1130	1957.2	662.2	1597.8	302.8	1130	76.8	585.3
2280	2280	2280	1689.5	2202.5	1140	1974.5	668	1611.9	305.5	1140	77.5	590.5
2500	2500	2500	1853	2410.4	1250	2164.0	733	1767.0	335.0	1250	85.0	648.0
3000	3000	3000	2222	2896.0	1500	2596.0	880	2123.0	402.5	1500	102.3	778.0

【例 4-1】 已知弯管的弯曲半径 $R = 1000\text{mm}$，弯曲角度 $\alpha = 30°$，求弯管的安装尺寸 A、B。

根据上述计算式求得 A、B 的尺寸如下：

$$A = R(1 - \cos\alpha) = 1000 \times (1 - 0.866) = 134\text{mm}$$

$$B = R\sin\alpha = 1000 \times 0.5 = 500\text{mm}$$

反过来验算弯曲半径 R：

$$R = \frac{A}{1-\cos\alpha} = \frac{B}{\sin\alpha} = \frac{134}{1-0.866} = \frac{500}{0.5} = 1000\text{mm}$$

二、三通

1. 对称三通

图 4-2 中所标注的 ϕ、ϕ_1、ϕ_2、H、α 为对称三通的加工制造尺寸，A、B 为对称三通的安装尺寸，其中 $A=2a$。

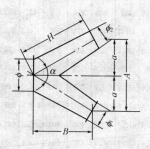

图 4-2　对称三通的基本尺寸

对称三通的安装尺寸 A、B 与加工制造尺寸 H、α 之间的关系，按下列公式进行计算：

$$A = 2H\sin\frac{\alpha}{2}$$

$$B = H\cos\frac{\alpha}{2}$$

$$H = \frac{A}{2\sin\dfrac{\alpha}{2}} = \frac{B}{\cos\dfrac{\alpha}{2}}$$

对称三通的安装尺寸 A、B 与加工制造尺寸 H、α 之间关系的计算数据详见表 4-2。通风配管时，可以直接查表 4-2 选用。

如果采用的对称三通的 H 尺寸在表 4-2 中查不到时，可用上述公式计算求出需要的尺寸，也可以用内插计算法求得所需要的尺寸。

表 4-2　　　　　　　　　　　　对称三通尺寸　　　　　　　　　　　　mm

H	α=30° a	A	B	45° a	A	B	60° a	A	B	90° a	A	B	120° a	A	B
300	77.7	155.4	289.8	114.6	229.8	277.2	150	300	259.8	212.1	424.2	212.1	259.8	519.6	150
350	90.7	181.4	338.1	134.1	268.2	323.4	175	350	303.1	247.5	495	247.5	303.1	606.2	175
400	103.6	207.2	386.4	153.2	306.4	369.6	200	400	346.4	282.8	565.6	282.8	346.4	692.8	200
450	116.6	233.2	434.7	172.4	344.8	415.8	225	450	389.7	318.2	636.4	318.2	389.7	779.4	225
500	129.5	259	483	191.5	383	462	250	500	433	353.5	707	353.5	433	866	250
550	142.5	285	531.3	210.7	421.4	508.2	275	550	476.3	388.9	777.8	388.9	476.3	952.6	275
600	155.4	310.8	579.6	229.8	459.6	554.4	300	600	519.6	424.2	848.4	424.2	519.6	1039.2	300
650	168.4	336.8	627.9	249	498	600.6	325	650	562.9	459.6	919.2	459.6	562.9	1125.8	325
700	181.4	362.6	676.2	268.1	536.2	646.8	350	700	606.2	495	990	495	606.2	1212.4	350
750	194.3	388.6	724.5	287.3	574.6	693	375	750	649.5	530.3	1060.6	530.3	649.5	1299	375
800	207.2	414.4	772.8	306.4	612.8	739.2	400	800	692.8	565.6	1131.2	565.6	692.8	1385.6	400
850	220.2	440.4	821.1	325.6	651.2	785.4	425	850	736.1	601	1202	601	736.1	1472.2	425
900	233.1	466.2	869.4	344.7	689.4	831.6	450	900	779.4	636.3	1272.6	636.3	779.4	1558.8	450
950	246.1	492.2	917.7	363.9	727.8	877.8	475	950	822.7	671.7	1343.4	671.7	822.7	1645.4	475
1000	259	518	966	383	766	924	500	1000	866	707	1414	707	866	1732	500
1050	272	544	1014.3	402.2	804.6	970.2	525	1050	909.3	742.4	1484.8	742.4	909.3	1818.6	525
1100	284.9	569.8	1062.6	421.3	842.6	1016.4	550	1100	952.6	777.7	1555.4	777.7	952.6	1905.2	550
1150	297.9	595.8	1110.9	440.5	881	1062.6	575	1150	995.9	813.1	1626.2	813.1	995.9	1991.8	575
1200	310.8	621.6	1155.2	459.6	919.2	1108.8	600	1200	1039.2	848.4	1696.8	848.4	1039.2	2078.4	600
1250	323.8	647.6	1203.5	478.5	957.6	1155	625	1250	1082.5	883.8	1767.6	883.8	1082.5	2165	625
1300	336.7	673.4	1251.8	497.9	995.8	1201.2	650	1300	1125.8	919.1	1838.2	919.1	1125.8	2251.6	650
1350	349.7	699.4	1300.1	517.1	1034.2	1247.4	675	1350	1169.1	954.5	1909	954.5	1169.1	2338.2	675
1400	362.6	725.2	1348.4	536.2	1072.4	1293.6	700	1400	1212.4	989.8	1979.6	989.8	1212.4	2424.8	700
1450	375.5	751.2	1396.7	355.4	1110.8	1339.8	725	1450	1255.7	1025.2	2050.4	1025.2	1255.7	2511.4	725
1500	388.5	777	1445	574.5	1149	1386	750	1500	1299	1060.5	2121	1060.5	1299	2598	750
1550	401.5	803	1497.3	593.7	1187.4	1432.2	775	1550	1342.3	1095.9	2191.8	1095.9	1342.3	2684.6	775

【例 4-2】　已知一对称三通的 $H=1000$mm、$\alpha=60°$，求安装尺寸 A、B。根据上述计算式进行计算得：

$$A = 2H\sin\frac{\alpha}{2} = 2 \times 1000 \times 0.5 = 1000\text{mm}$$

$$B = H\cos\frac{\alpha}{2} = 1000 \times 0.866 = 866\text{mm}$$

2. 分流三通

图 4-3 中所标注的 ϕ、ϕ_1、ϕ_2、H、L、α 为分流三通的加工制造尺寸。A、B 为分流三通的安装尺寸（L 也是安装尺寸）。

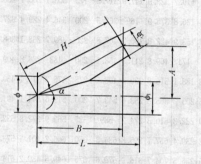

图 4-3　分流三通的基本尺寸

分流三通的安装尺寸 A、B 与加工制造尺寸 H、α 之间的关系按下列公式进行计算：

$$A = H\sin\alpha$$

$$B = H\cos\alpha$$

$$H = \frac{A}{\sin\alpha} = \frac{B}{\cos\alpha}$$

分流三通的安装尺寸 A、B 与加工制造尺寸 H、α 之间关系的计算数据详见表 4-3。在进行通风配管时，可以直接查表 4-3。

如果所采用的分流三通的 H 尺寸在表 4-3 中查不到时，则可以应用上述公式计算求得需要的尺寸，也可以用内插计算法求出所需要的尺寸。

表 4-3　　　　　　　　　　　　　　　**分流三通尺寸**　　　　　　　　　　mm

H \ α	15°		20°		25°		30°		35°		45°		60°	
	A	B	A	B	A	B	A	B	A	B	A	B	A	B
200	51.8	193.2	68.4	187.9	84.5	181.2	100	173.2	114.7	163.8	141.4	141.4	173.2	100

H \ α	15° A	15° B	20° A	20° B	25° A	25° B	30° A	30° B	35° A	35° B	45° A	45° B	60° A	60° B
250	64.8	241.5	85.5	234.9	105.7	226.5	125	216.5	143.4	204.8	176.8	176.8	216.5	125
300	77.7	289.8	102.6	281.9	126.8	271.8	150	259	172.1	245.7	212.1	212.1	259.8	150
350	90.7	338.1	119.7	328.9	147.9	317.2	175	303.1	200.7	286.7	247.5	247.5	303.1	175
400	103.6	386.4	136.8	375.9	169	362.5	200	346.4	229.4	327.6	282.8	282.8	346.4	200
450	116.6	434.7	153.9	422.8	190.2	407.8	225	389.7	258.1	368.6	318.2	318.2	389.7	225
500	129.5	483	171	469.8	211.3	458.1	250	433	286.8	409.6	353.5	353.5	433	250
550	142.5	531.3	188.1	516.8	232.4	498.5	275	476.3	315.4	450.5	388.9	388.9	476.3	275
600	155.4	579.6	205.2	563.8	253.6	543.7	300	519.6	344.1	491.5	424.2	424.2	519.6	300
650	168.4	627.9	222.3	610.8	274.2	589	325	562.9	372.8	532.4	459.6	459.6	562.9	325
700	181.3	676.2	239.4	657.7	295.8	634.3	350	606.2	401.5	573.4	494.9	494.9	606.2	350
750	191.3	724.5	256.5	704.7	316.9	679.6	375	649.5	430.2	614.4	530.3	530.3	649.5	375
800	207.2	772.8	273.6	751.7	338.1	724.9	400	692.8	458.8	655.3	565.6	565.6	692.8	400
850	220.2	821.1	290.7	798.5	359.2	770.3	425	736.1	487.5	696.3	601	601	736.1	425
900	233.1	869.4	307.8	845.6	380.3	815.6	450	779.4	516.2	737.2	636.3	636.3	779.4	450
950	246.1	917.7	324.9	892.6	401.5	860.9	475	822.7	544.9	778.2	671.7	671.7	822.7	475
1000	259	966	342	939.6	422.6	906.3	500	866	573.6	819.2	707	707	866	500
1050	272	1014.3	359.1	9866	443.7	951.5	525	909.3	602.2	860.1	742.4	742.4	909.3	525
1100	284.9	1062.6	376.2	1033.6	464.8	996.8	550	952.6	630.9	901.1	777.7	777.7	952.6	550
1150	297.9	1110.9	393.3	1080.6	485.9	1042.1	575	995.9	659.6	942.1	813.1	813.1	995.9	575
1200	310.8	1159.2	410.4	1127.5	507.1	1087.4	600	1039.2	688.3	983	848.4	848.4	1039.2	600
1250	323.8	1207.5	427.5	1174.5	528.2	1132.7	625	1082.5	717	1024	883.8	883.8	1082.5	625
1300	336.7	1255.8	444.6	1221.5	549.4	1178.1	650	1125.8	745.6	1064.9	919.1	919.1	1125.8	650
1350	349.7	1304.1	461.7	1268.5	570.5	1223.4	675	1169.1	774.3	1105.9	954.5	954.5	1169.1	675
1400	362.6	1352.4	478.8	1315.4	591.6	1268.7	700	1212.4	803	1146.8	989.8	989.8	1212.4	700
1450	375.6	1400.7	495.9	1362.4	612.7	1314	725	1255.7	831.7	1187.8	1025.2	1025.2	1255.7	725
1500	388.5	1449	513	1409.4	633.9	1359.3	750	1299	860.4	1228.8	1060.5	1060.5	1299	750
1550	401.5	1497.3	530.1	1456.4	655	1404.6	775	1342.3	889.1	1269.7	1095.9	1095.9	1342.3	775
1600	414.4	1545.6	547.2	1503.3	676.2	1449.9	800	1385.6	917.7	1310.7	1131.2	1131.2	1385.6	800

(续二)

尺寸 H \ α	15° A	15° B	20° A	20° B	25° A	25° B	30° A	30° B	35° A	35° B	45° A	45° B	60° A	60° B
1650	427.4	1593.9	564.3	1550.3	697.3	1495.3	825	1428.9	946.4	1351.6	1166.6	1166.6	1428.9	825
1700	440.3	1642.2	581.4	1597.3	718.4	1540.5	850	1472.2	975.1	1392.6	1201.9	1201.9	1472.2	850
1750	453.3	1690.5	598.5	1644.3	739.5	1585.8	875	1513.5	1003.8	1433.6	1237.3	1237.3	1515.5	875
1800	466.2	1738.1	615.6	1691.3	760.6	1631.1	900	1558.8	1032.4	1474.5	1272.6	1272.6	1558.8	900
1850	479.2	1787.1	632.7	1738.2	781.8	1676.4	925	1602.1	1061.1	1515.5	1308	1308	1602.1	925
1900	492.1	1835.4	649.8	1785.2	802.9	1721.8	950	1645.4	1089.8	1556.4	1343.3	1343.3	1645.4	950
1950	505	1883.7	666.9	1832.2	824.1	1767.1	975	1688.7	1118.5	1597.4	1378.7	1378.7	1688.7	975
2000	518	1932	684	1879.1	845.2	1812	1000	1732	1147.2	1638.4	1414	1414	1732	1000
2050	531	1980.3	701.1	1926.1	866.3	1857.7	1025	1775.3	1175.8	1679.3	1449.4	1449.4	1775.3	1025
2100	543.9	2028.6	718.2	1973.1	887.4	1903	1050	1818.6	1204.5	1720.3	1484.7	1484.7	1818.6	1050

【例 4-3】　已知一个分流三通的 $H=1000\text{mm}$、$\alpha=30°$，求安装尺寸 A、B。

$$A = H\sin\alpha = 1000 \times 0.5 = 500\text{mm}$$
$$B = H\cos\alpha = 1000 \times 0.866 = 866\text{mm}$$

三、来回弯管

来回弯管一般由两个同弯曲角度 α、同弯曲半径 R 的弯管组成。特殊条件下，也可以由两个同弯曲角度 α 而不同弯曲半径 R 的弯管组成。图 4-4 中所标注的偏心距 S 与高度尺寸 H 是重要的安装尺寸兼加工制造尺寸。ϕ、R、α 为来回弯管的加工制造尺寸。

当来回弯管由两个同弯曲角度 α、同弯曲半径 R 的弯管组成时，其计算公式如下：

$$S = 2(R - R\cos\alpha) = 2R(1-\cos\alpha)$$
$$H = 2R\sin\alpha$$
$$R = \frac{S}{2(1-\cos\alpha)} = \frac{H}{2\sin\alpha}$$

来回弯管的安装尺寸兼加工制造尺寸 H、S 与加工制造尺寸 α、R 之

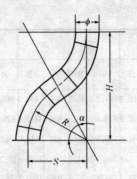

图 4-4　来回弯管的基本尺寸

间关系的计算数据详见表 4-4。在进行通风配管时,可以直接查表 4-4
选用。

　　如果采用的来回弯管的弯曲半径 R 的尺寸在表 4-4 中查不到,则可
以用上述公式计算求出所需要的尺寸,也可以用内插计算法求得所需要
的尺寸。

表 4-4　　　　　　　　　　来回弯管尺寸　　　　　　　　　　　　mm

R 尺寸 α	15°		30°		45°		60°		75°		90°	
	S	H	S	H	S	H	S	H	S	H	S	H
100	6.8	51.8	26.8	100	58.6	141.4	100	173.2	148.2	193.2	200	200
150	10.2	77.7	40.2	150	87.9	212.1	150	259.8	222.3	289.8	300	300
200	13.6	103.6	53.6	200	117.2	282.8	200	346.4	296.4	386.4	400	400
250	17	129.5	67	250	146.5	353.5	250	433	370.5	483	500	500
300	20.4	155.4	80.4	300	175.8	424.2	300	519.6	444.6	579.6	600	600
350	23.8	181.3	83.8	350	205.1	494.9	350	606.2	518.7	676.2	700	700
400	27.2	207.2	107.2	400	234.4	565.6	400	692.8	592.8	772.8	800	800
450	30.6	233.1	120.6	450	263.7	636.3	450	779.4	666.9	869.4	900	900
500	34	259	134	500	293	707	500	866	741	966	1000	1000
550	37.4	184.9	147.4	550	322.3	777.7	550	952.6	815.1	1062.6	1100	1100

(续一)

R	α 15° S	15° H	30° S	30° H	45° S	45° H	60° S	60° H	75° S	75° H	90° S	90° H
600	40.8	310.8	160.8	600	351.6	848.4	600	1039.6	889.2	1159.2	1200	1200
650	44.2	336.7	174.2	650	380.9	919.1	650	1125.8	963.3	1255.8	1300	1300
700	47.6	362.6	187.6	700	410.2	989.8	700	1212.4	1037.4	1352.4	1400	1400
750	51	388.5	201	750	439.5	1060.5	750	1299	1111.5	1449	1500	1500
800	54.4	414.4	214.4	800	468.8	1131.2	800	1385.6	1185.6	1545.6	1600	1600
850	57.8	440	227.8	850	498.1	1201.9	850	1472.2	1259.7	1642.2	1700	1700
900	61.2	466.2	241.2	900	527.4	1272.6	900	1558.8	1333.8	1738.8	1800	1800
950	64.6	492.1	254.6	950	556.7	1343.3	950	1645.4	1407.9	1835.4	1900	1900
1000	68	518	268	1000	586	1414	1000	1732	1482	1932	2000	2000
1050	71.4	543.9	281.4	1050	605.3	1484.7	1050	1818.6	1556.1	2028.6	2100	2100
1100	74.8	569.8	294.8	1100	634.6	1555.4	1100	1905.2	1630.2	2125.2	2200	2200
1150	78.2	595.7	308.2	1150	663.9	1626.1	1150	1991.8	1704.3	2221.9	2300	2300
1200	81.6	621.6	321.6	1200	693.2	1696.8	1200	2078.4	1778.4	2318.4	2400	2400
1250	85	647.5	335	1250	720.5	1767.5	1250	2165	1852.5	2418.2	2500	2500
1300	88.4	673.4	348.4	1300	751.8	1838.2	1300	2251.6	1926.6	2514.6	2600	2600
1350	91.8	699.3	361.8	1350	781.1	1908.9	1350	2338.2	2000.7	2611.2	2700	2700
1400	95.2	724.7	375.2	1400	810.4	1979.6	1400	2424.8	2074.8	2707.8	2800	2800
1450	98.6	750.6	388.6	1450	839.7	2050.3	1450	2511.4	2148.9	2804.4	2900	2900
1500	102	776.5	402	1500	869	2121	1500	2598	2223	2898	3000	3000
1550	105.4	802.4	415.4	1550	898.3	2191.7	1550	2684.6	2297.1	2994.6	3100	3100
1600	108.8	828.3	428.8	1600	927.6	2262.4	1600	2771.2	2371.2	3091.2	3200	3200
1650	112.2	854.2	442.2	1650	956.9	2333.1	1650	2857.8	2445.3	3187.8	3300	3300
1700	115.6	880.1	455.6	1700	986.2	2403.8	1700	2944.4	2519.4	3284.4	3400	3400
1750	119	906	469.5	1750	1015	2474.5	1750	3031	2593.5	3381	3500	3500
1800	122.4	931.1	482.4	1800	1044.8	2545.2	1800	3117.6	2667.6	3477.6	3600	3600

（续二）

R\尺寸\α	15°		30°		45°		60°		75°		90°	
	S	H	S	H	S	H	S	H	S	H	S	H
1850	125.8	957	495.8	1850	1074.1	2615.9	1850	3204.2	2741.7	3574.2	3700	3700
1900	129.2	982.9	509.2	1900	1103.4	2686.6	1900	3290.8	2815.8	3670.8	3800	3800
1950	132.6	1008.8	522.6	1950	1132.7	2757.3	1950	3377.4	2889.9	3767.4	3900	3900
2000	136	1034.7	536	2000	1162	2828	2000	3464	2964	3864	4000	4000
2050	139.4	1060.6	549.4	2050	1191.3	2898.7	2050	3550.6	3038.1	3960.6	4100	4100
2100	142.8	1086.5	562.8	2100	1220.6	2969.4	2100	3637.2	3112.2	4057.2	4200	4200
2150	146.2	1112.4	576.2	2150	1249.9	3040.1	2150	3723.8	3186.3	4153.8	4300	4300
2200	149.6	1138.3	589.6	2200	1279.2	3110.8	2200	3810.4	3260.4	4250.4	4400	4400
2250	153	1164.2	603	2250	1308.5	3181.5	2250	3897	3334.5	4347	4500	4500
2300	156.4	1190.1	616.4	2300	1337.8	3252.2	2300	3983.6	3408.6	4443.6	4600	4600
2350	159.8	1216	629.8	2350	1367.1	3322.9	2350	4070.2	3482.7	4540.3	4700	4700
2400	163.2	1241.9	643.2	2400	1396.4	3393.6	2400	4156.8	3556.8	4636.8	4800	4800

【例 4-4】　已知一来回弯管的弯曲半径 $R=500\text{mm}$、$\alpha=60°$，求偏心距 S 及高度 H 的尺寸。应用上述计算式计算结果如下：

$$S=2R(1-\cos\alpha)=2\times500\times(1-0.5)=500\text{mm}$$
$$H=2R\sin\alpha=2\times500\times0.866=866\text{mm}$$

第二节　风管和部件的展开

各种形状的通风管道，都是用平整的板料（钢板或塑料板）用展开下料的基本方法制造的。所谓展开，就是依照管件施工图（或放样图）的要求，把管件的表面按实际的大小铺平在板料上；所画出的平面图形即展开图。

一、弯头的展开

1. 圆形弯头的展开

圆形弯头可按需要的中心角,由若干个带有双斜口的管节和两个带有单斜口的管节组对而成(图 4-5)。

以 D 表示弯头的直径,R 表示弯头的曲率半径,把带有双斜口的管节叫"中节",把分别设在弯头两端带有单斜口的管节叫"端节",端节为中节的一半。因为圆柱体的垂直横断面是个正圆形,而斜截面是个椭圆形,二者周长不一样,就不能正确相合,因此,圆形弯头必须在两端各设一个端节。

弯头所造成流体局部阻力的大小,主要取决于弯头转弯的平滑度,弯头的平滑度又决定于曲率半径的大小和弯头的节数。曲率半径大,中间节数多,阻力就小,但占有空间位置大,而且费工也较多。曲率半径小,中间节数少,费工虽少,但阻力大。曲率半径的大小和节数的多少,应按图纸要求进行施工。当设计未规定时,应符合相关技术规范的规定。

90°弯头的最小曲率半径和中节数见表 4-5。

表 4-5　　　　　　　　　90°弯头的曲率半径和中节数

项　次	弯头直径 D /mm	曲率半径 R	最少中节数
1	≥265		3
2	≥595	$(1.0 \sim 1.5)D$	4
3	≥775		5
4	≥1025		6

小于 90°的弯头,节数可相应减少,除尘系统弯头的曲率半径一般为 $2D$,节数也应相应增加。

【例 4-5】　根据已知的弯头直径、角度及确定的曲率半径和节数,先画出侧面图,例如直径为 265mm、角度为 90°、3 个中节、2 个端节、R 为 1.5D 的圆形弯头(图 4-5),作图如下:

(1)先画一直角,以直角的交点 O 为圆心,用已知曲率半径 R 为半径,引出弯头的轴线,取轴线和直角边的交点 E 为中点,以已知弯头直径截取

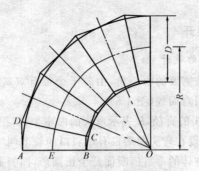

图 4-5　圆形弯头的侧面图

A 和 B 两点,以 O 为圆心,经点 A 和 B 引出弯头的外弧和内弧。

(2)因 90°弯头由三个中节、两个端节组成,一个中节为两个端节,为了取得端节以便展开,就得把 90°圆弧等分为八等份,两端的两节就为端节,中间的六节就拼成三个中节,然后再画出各节的外圆切线。切线 AD 为端节的"背高",BC 为端节的"里高",由 $ABCD$ 所构成的半个梯形就为端节。端节可用平行线法展开。

弯头的咬口,要求咬得严密一致,但当直径较小时,弯头的曲率半径也较小,在实际操作时,由于弯头里的咬口不易打得像弯头背处紧密,经常出现如图 4-6(a)所示的情况。弯头组合后,造成不够 90°角度,所以在画线时,把弯头的"里高"BC 减去 h 距离,以 BC' 进行展开,如图 4-6(b)所示。h 一般为 2mm 左右。

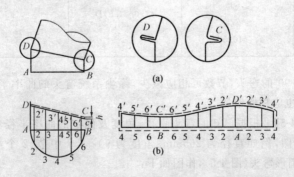

图 4-6　弯头端节的展开

2. 矩形弯头的展开

矩形弯头由两块侧壁、弯头背以及弯头里四部分组成,如图 4-7 所示。

弯头背和弯头里的宽度以 A 表示,侧壁的宽度以 B 表示。矩形弯头的曲率半径一般为 $1.5B$。因此,弯头里的曲率半径 $R_1 = B$,弯头背的曲率半径 $R_2 = 2B$。

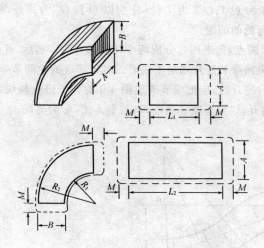

图 4-7　矩形弯头的展开

矩形弯头侧壁的展开与圆形弯头相同,用 R_1 和 R_2 画出,并应加单折边的咬口留量。为了避免法兰套在圆弧上,可另放法兰留量 M,M 为法兰角钢的边宽加 10mm 翻边。

弯头背的展开长度 L_2 为 $\dfrac{2\pi R_2}{4} = 1.57 R_2$,弯头里的展开长度 L_1 为 $1.57 R_1$,也可用钢卷尺,在侧壁上直接量出,展开长度两端应放出法兰留量 M。展开的宽度为矩形管边 A 加上双折边的咬口留量。

矩形弯头可用单角咬口连接,也可用联合角咬口连接,加工方法如前所述。

3. 圆形来回弯的展开

圆形来回弯可看成是由两个不够 90°的弯头转向组成。展开时,首先应画出来回弯的侧面图（图 4-8）。

以 h 表示偏心距，L 表示来回弯的长度。以一矩形 $ABCD$，使其一边 BD 等于偏心距 h，另一边 CD 等于来回弯长度 L。连接 AD 并求出中点 M。作 AM 和 DM 的垂直平分线，并与 DB 的延长线交于 O 点，与 AC 的延长线交于 O_1 点。O 和 O_1 两点就是来回弯中心角的顶点。以已知直径，分别以 A、D 两点截取点 1、2 和 3、4。

以 $O3$、$O4$ 和 $O_1 1$、$O_1 2$ 为半径，分别以 O 和 O_1 为圆心，画弧并使相切，即得来回弯的侧面图。

连接 OO_1 两点，把来回弯分成两个相同的弯头。然后，可按加工圆弯头的方法，对来回弯节展开和加工成形。对来回弯的中间节（两个相同弯头交接的一节）展开时，应把端节放成图 4-9 的样子进行画线。剪切时不得把 MN 线剪开，以免多咬一条咬口，浪费人工，影响美观。

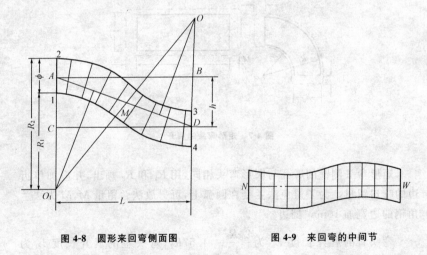

图 4-8　圆形来回弯侧面图　　　　图 4-9　来回弯的中间节

4. 矩形来回弯的展开

矩形来回弯由两个相同的侧壁和相同的上壁、下壁四部分组成，如图 4-10 所示。侧壁可按圆形来回弯同法展开。上下壁的长度 L_1 可用钢卷尺按侧壁边量出。

矩形来回弯的加工方法和矩形弯头相同。

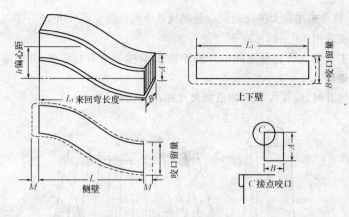

图 4-10　矩形来回弯的展开

二、三通的展开

1. 圆形三通的展开

圆形三通如图 4-11 所示,一般把风管的延续部分 1 叫"主管",分叉部分 2 叫"支管"。以 D 表示大口直径,D_1 表示小口直径,d 表示支管直径,h 表示三通的高度,α 表示主管和支管轴线的交角(图 4-12)。

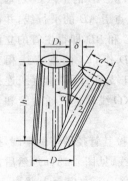

图 4-11　圆形三通示意图

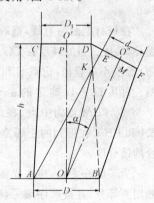

图 4-12　三通的侧面图

交角 α 一般根据三通断面大小在 $15°\sim35°$ 之间。交角 α 较小时,高度 h 较大,而交角较大时,h 就小。因此,在加工断面较大的三通时,为了不使 h

过大,就得采用较大的交角。一般通风系统的交角 α 可采用 $25°\sim35°$,除尘系统可采用 $15°\sim20°$。

主管和支管边缘之间的开档距离 δ,应能保证安装法兰,并应能便于上紧螺栓。

展开时,应先按三通的已知尺寸画出立面图(图 4-13)。

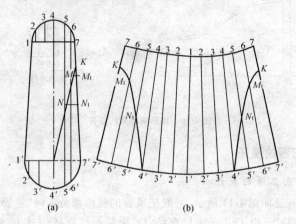

(a)　　　　　　　　　(b)

图 4-13　三通主管的展开

在板材上画一直线,截取 AB 等于大口管径,从 AB 的中点 O 划垂直线 OO',从三通的高度在 OO' 线上截取 OP,经 P 点引 AB 的平行线,并截 CD 等于小口管径,定点 C 和 D。用直线连接 AC 和 BD 即得主管的立面图。再从 O 点以确定的 α 角引 OO'' 线,从点 D 作 OO'' 的垂直线相交于 M 点,以 M 点为中点,在此线上截取 EF 等于支管直径,用直线连接 EA 和 FB。在得到的三通立面图上引 KO 线,KO 线就是三通主管和支管的接合线。

为了展开主管,应在立面图上将大口和小口按其管径做辅助半圆,把圆周 6 等分,并按顺序编号,作出相应的外形素线,见图 4-13(a),然后按大小头的展开方法,将立管展成扇形,见图 4-13(b)。在扇面上截取 $7K$ 等于立面图上的 $7K$,在扇面上截取 $6M_1$ 等于立面图上 $6M$ 的实长 $7M_1$,在扇面上截取 $5N_1$ 等于立面图 $5N$ 的实长 $7N_1$,最后将 K、M_1、N_1、$4'$ 连成圆滑的曲线,即成三通主管部分的展开。

支管展开时,同样作出辅助半圆,并分为六等份,编好号,画出相应的外形素线,见图 4-14。

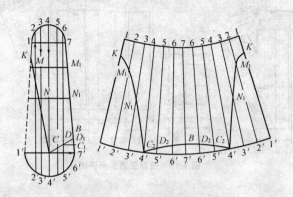

图 4-14　三通支管的展开

也按圆形三通主管的展开方法将支管展成扇面。再在扇面上分别截取 $1K$ 等于立面图上的 $1K$,$2M_1$ 等于 $2M$ 的实长 $7M_1$,$3N_1$ 等于 $3N$ 的实长 $7N_1$,这样即可定出 K、M_1、N_1 三个点。然后截取 $5C_2$ 等于 $5C$ 的实长 $7C_1$,$6D_2$ 等于 $6D$ 的实长 $7D_1$,$7B$ 等于 $7B_1$ 定点 C_2、D_2、B,最后连接各点,即得三通支管的展开(一半)。

2. 矩形三通的展开

矩形三通由上、下侧壁和前后侧壁及一块夹壁共五部分组成(图 4-15)。

展开时,先画出三通的上、下侧壁。方法是:引水平线,并在此线上截取 12 等于 A,在 12 的中点引垂直线,并在垂直线上截取三通高度 h。通过 h 点引平行于 12 的水平线,并在此线上截取 34 等于 A_1。从 4 点以 $\delta + A_2/2$ 的距离为半径画一圆弧,并从 12 线的中点引其切线。连接切点与点 4,以切点为中点,在该线上截取 56 等于 A_2,用直线连接 1、3 和 2、4、1、5 和 2、6。在 42 和 15 线的交点得点 7。得出上、下侧壁的展开图,然后,放出咬口留量和法兰留量 M。

矩形三通前后侧壁及夹壁的展开如图 4-15 所示。

矩形三通的加工方法基本与矩形风管相同,可采用单角咬口或联合角咬口连接。

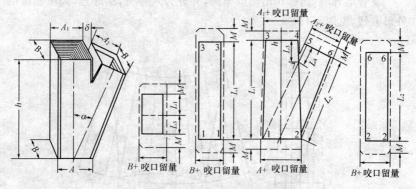

图 4-15　矩形三通的展开图

三、圆形变径管的展开

1. 可以得到顶点的正心圆异径管(大小头)展开

它的展开可用放射线法作出,画法如图 4-16 所示。根据已知大口直径 D、小口直径 d 及大小头的高 h,作出大小头的立面图。

使 AB 等于大口直径 D、CD 等于小口直径 d,FG 等于高度 h。延长 AC 和 BD 到它们的交点 O,如果画得正确,O 点一定在轴线上。用画规以 O 为圆心引两弧,一个以 OA 为半径,一个以 OC 为半径。在 OA 为半径的圆弧上取任意点 A',并截取圆弧 $A'A''$ 等于圆周长 πD,定出 A'' 点,连接 OA',OA'',取 $A'A''C'C''$ 就是圆形大小头的展开图。

$A'A''$ 弧可用钢尺量出或将直径 AB 的圆周分为若干等份(等分的要求,使弦长近似等于弧长),从 A' 点开始,在圆弧上以等份的弦长,依次截取等份的数量,找出 A'' 点。

2. 不易得到顶点的正心圆异径管(大小头)展开

如果圆大小头,即大口直径和小口直径相差很少,顶点相交在很远处,在这种情况下,就采用近似的画法来展开。

根据已知的大口直径 D,小口直径 d 以及高度 h,首先画出立面图和平面图。把大口直径和小口直径的圆周长各 12 等分,取大小头的斜边 l 和 $\dfrac{\pi D}{12}$ 及 $\dfrac{\pi d}{12}$ 作样板,见图 4-17(工地实际施工时,一般不画立面图和平面图,只取$\dfrac{\pi D}{12}$及$\dfrac{\pi d}{12}$及高度h做样板,因为当D和d相差很少时,l和h相差也很少,所以误差很小)。然后,用样板在板材上依次画 12 块,即成圆大小头的展开图。当直径较大时,等分多些较准确。

画好后,应用钢板尺复核圆弧 πD 和 πd,以免多次画线时造成误差太大。

这种方法简单实用,因此应用较广。

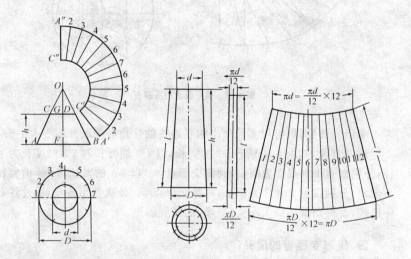

图 4-16　正心圆大小头展开　　　图 4-17　不易得到顶点的正心圆大小头的展开

3. 偏心圆异径管(大小头)的展开

展开时,可用三角形法进行(图 4-18)。根据已知大口直径 D,小口直径 d 及偏心距和高度,首先画出平面图和立面图。

画一直线,在直线上取任意点 O,以偏心距定出 O',以 O 和 O' 分别为大口和小口的圆心,画圆。等分小口圆周的一半为点 2、4、6、8、10、12、14。等分大口圆周的一半为点 1、3、5、7、9、11、13。连接 1、2;3、4;5、6……和 2、3;4、5;6、7……,形成若干相对应的三角形,以这些三角形来表示大小头的表面。

用三角形法求出实长。画垂直线 OA 等于偏心圆大小头的高,以 OA 为直角边,分别以 1-2、3-4 等为另一直角边,则 $O-1$、2 和 $O-3$、4 等就是实长。

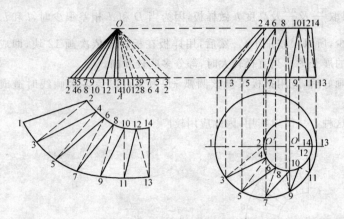

图 4-18　偏心圆大小头展开

求出实长后,就可用实长作出相互连接的三角形来展开偏心大小头。

画一直线,截取 1、2 等于 1-2 的实长,以 1-3 的弧长和 2-3 的实长为半径,分别以点 1 和点 2 为圆心,画弧交于点 3。以 2-4 的弧长和 3-4 的实长为半径,分别以点 2 和 3 为圆心,画弧交于点 4。依次找出各点,通过各点作连线,就得到偏心圆大小头(一半)的展开图形。

四、矩形变径管的展开

矩形变径管用以连接两个不同口径的矩形风管。

矩形变径管,可用三角形法进行展开(图 4-19)。根据已知大口管边尺寸、小口管边尺寸和高,作出平面图和立面图。

先将矩形变径管的一个表面 ba 分为三角形 ab 和三角形 b,分别求出各边的实长。

先画 AB 线,以 Ab 的实长(Ob)和 Bb 的实长(Oa)(正大小头 $Aa = Bb$)为半径,分别以 A 和 B 为圆心,划弧相交于 b,得出三角形 AbB 的展开。再以 Ba 的实长(Oa)和 ab 的线长为半径,分别以 A、b 为圆心,划弧相交于 a,得出三角形 Aab 的展开。$ABba$ 四边形,就为大小头一个表面 $ABba$ 的展开。其他三面也可用同法展开。

偏心的矩形变径管,也可用同法展开。展开后,应留出咬口留量和法兰的留量。矩形变径管,可用一块钢板制成,为了节省材料,一般可分四块做成,四角采用角咬口连接,加工方法与直管相同。

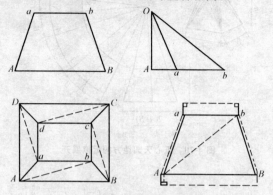

图 4-19 正心矩形变径管的展开

五、天圆地方的展开

天圆地方用于圆形断面与矩形断面的连接,例如通风管与通风机、空气加热器等设备的连接。

1. 正心天圆地方的展开

展开方法很多,可用前述的三角形展开,也可用近似的锥体展开法来展开(图 4-20)。

已知圆管直径 D,矩形风管管边尺寸 A、B 和高度 h。在一条直线上截取 cd 等于矩形风管的周长被 π 除 $[2(A+B)/\pi]$。经 ab 的中点引一垂线,在此垂线上截取天圆地方的高 h,并引 cd 等于圆管直径 D,连接 ac、bd 并延长相交于 O 点,以 O 点为圆心,分别以 Oa、Oc 为半径,作出圆弧;在底圆弧上,在 A、B 各边的长度,依次截取圆弧,弦长为 A、B、A、B,并把 A 分成二等份,分别放在两侧,得点 1、2、3、4、5、6,连接 1-O 及 6-O,并与上弧交于 7、8 两点,圆弧 78 为该天圆地方圆口的展开,其长度应等于 πD。

使用这种方法,比较简便,圆口和方口尺寸正确,但高度比规定高度稍小,一般施工时可在上法兰时,加以修正。

2. 偏心天圆地方的展开

一般采用三角形法进行展开,如图 4-21 所示。

根据已知的圆管直径、矩形风管管边、高度以及偏心距,画出平面图和立面图。

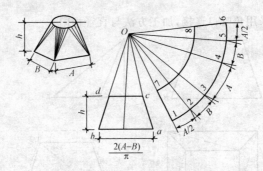

图 4-20 正心天圆地方的近似展开

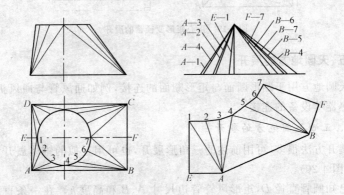

图 4-21 偏心天圆地方的展开

在平面图上等分半圆,得到点 1、2、3、4、5、6、7。并把各点和矩形底边的 E、A、B、F 相应地连接起来,求出各线的实长。

在一直线上截取 E1 等于 E-1 的实长,以线长 EA 和 1-A 的实长为半径,分别以 E 和 1 两点为圆心,画弧交于 A。以 E-2 的实长和 1-2 的弦长为半径,分别以 A 和 1 为圆心,画弧交于点 2。同法,定出点 3、点 4。以 AB 线长和 4-B 的实长为半径,分别以 A 和 4 两点为圆心,画弧交于 B。以 4-5 弦长和 5-B 的实长为半径,分别以 4 和 B 两点为圆心,划弧交于点 5。同法,定出点 6、点 7。以 7-F 的实长和 BF 的线长为半径,分别以 7 和 B 两点为圆心,划弧交于 F 点。然后连接各点,就得到偏心天圆地方(一半)的展开。

展开后,应放出咬口留量和法兰留量。

天圆地方可用一块板材制成,也可分两块或四块拼成。排好咬口后,应在工作台的槽钢边上凸起相应的棱线,然后再把咬口钩挂、打实,最后找圆、平整。

第三节　常用展开放样方法

一、图解法展开放样

图解法展开的方法有三种:平行线展开法、三角线展开法、直角梯形展开法、放射线展开法。

1. 平行线展开法

平行线法的原理与打开一个卷着的竹席相似,适用于平行线法作展开图的物体,如图 4-22 所示。平行线法的步骤为:

(1)画出立面图和正断面图。

(2)将断面图分成若干(等)份,把各分点投到立面图中,表示出各分点所在素线的位置和长度。

(3)在与立面图中柱体轴线垂直的方向上,将断面图周长伸直且画出其上各点,由各点所引柱体轴线的平行线与由立面图中各点所引的柱体轴线垂直线对应相交,把各交点用曲线或折线连接起来,即得展开图。

【例 4-6】　斜截圆管(可视为弯头的一节)的展开。

斜截圆管(可视为弯头的一节)的展开见图 4-23。

(1)由已知尺寸 a、b、c、D 画出立面图和断面图。

(2)将断面圆周 8 等分,过等分点 1、2、…、8 引铅垂线交立面图于 $1'$、$2'$、…、$8'$,$1''$、$2''$、…、$8''$各点。

(3)作线段 $M-N$,使 $M-N$ 与轴线 $1'-1''$ 垂直且其长为断面周长 πD,同时在 $M-N$ 上画出断面图上的等分点 1、2、…、8,过等分点分别引 $M-N$ 的垂线与由立面图中过 $1''$、$2''$、…、$8''$,$1'$、$2'$、…、$8'$ 各点所引的 $M-N$ 平行线同名对应相交于 $1^{\times}$、$2^{\times}$、…、$8^{\times}$,$1^{\times\times}$、$2^{\times\times}$、…、$8^{\times\times}$ 各点;用平滑曲线分别把 $1^{\times}-2^{\times}-\cdots-8^{\times}-1^{\times}$,$1^{\times\times}-2^{\times\times}-\cdots 8^{\times\times}-1^{\times\times}$ 连接起来,于是完成展开图。

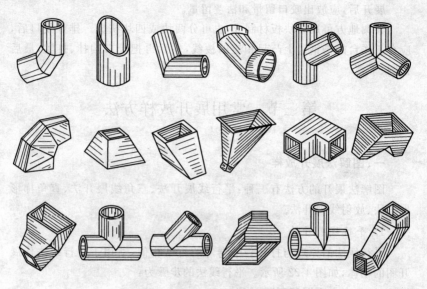

图 4-22　适用于平行线法作展开图的物体

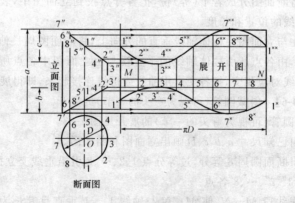

断面图

图 4-23　斜截圆管展开图(平行线法)

2. 三角形展开法

在制件表面找出平行素线和聚于一点的放射素线时,可将制件表面划分成若干个形状相同或不相同的小三角形,求出每个小三角形三个边的实长,连续地划出各小三角形的方法,为三角形展开法。适用于三角形法作展开图的物体如图 4-24 所示。用三角形法作展开图时，只要知道三条边的实长即可作出任意三角形，因此三角形法的关键是求出三条边的实长。三角形展开法的步骤：

（1）根据外形尺寸，先划出俯视图和主视图；

（2）在分析视图的基础上，确定三角形；

（3）求三角形三条边的实长；

（4）划展开图。

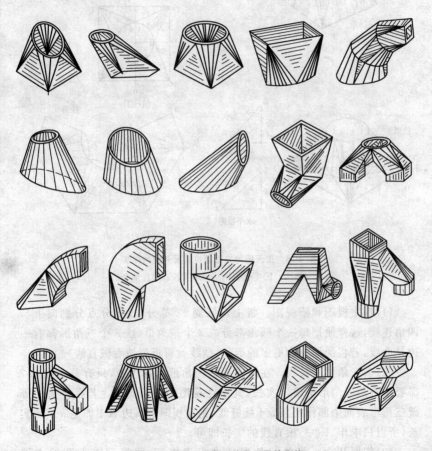

图 4-24 适用于三角形法展开图的物体

【**例 4-7**】 正天圆地方过渡接头展开图的作法。

正天圆地方过渡接头展开图的作法如图 4-25 所示，接头的表面由四个相等的等腰三角形和四个具有单向弯度的圆角组成。

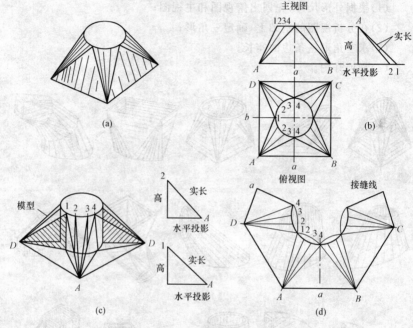

图 4-25 正天圆地方过渡接头展开图的作法
（a）立体图；（b）主俯视图；（c）求实长；（d）作展开图

（1）作主视图和俯视图。将上口圆周 12 等分，过等分点分别向下与四角连线，这样便把每一个圆角部分成 3 个三角形（这 3 个三角形都有一边是曲线，若将圆周分为更多的等份，曲线就可近似地看做直线）。

（2）求三角形实长线。在组成这些三角形的各边中，只有 A-1 和 A-2 需要用直角三角形法求出实长，其余在视图中均为实长。若在接头的等腰三角形表面中部作一条 a-4 接缝线，则主视图上斜边 A-1 即是 a-4 的实长，所以只求作 A-2 一根直线的实长即可。

（3）作展开图。将各三角形依次毗连摊开，便得到正天圆地方展开图。

3. 直角梯形展开法

直角梯形法与三角形法作展开图的方法步骤上基本相同,以两个三角形组成一个梯形。以马蹄形零件说明采用直角梯形法作马蹄形展开图的方法,如图 4-26 所示。

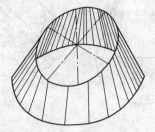

图 4-26　马蹄形零件

（1）作马蹄形的主视图和上、下两口断面图。

（2）将上、下两口均分为 12 等份,分别过等分点将零件和表面分为 24 个三角形,如图 4-27(a)所示。

（3）采用直角梯形法,求出 $1'$-2、2-$2'$、……各点的实长,如图 4-27(b)所示。截取 $1'$-2、2-$2'$,……各线的长度,并在它们的两边引垂线,按照每一线段上、下口断面的 2-2、$2'$-$2'$、3-$3'$……的长度,在垂线上分别截取并得各截点分别进行连线即为各线所求实长,如图 4-27(c)所示。可将这些直角梯形重叠在一起,如图 4-27(d)所示。

（4）作展开图。已知三角形三边长便可作出三角形,把这些三角形依次毗连摊平在平面上,便可得到马蹄形的展开图,如图 4-27(e)所示。

4. 放射线展开法

锥体表面是由交于一点无数条斜素线所构成,都可以采用放射线法进行展开。放射线法主要适用于锥体侧表面及其截体的展开。适用于放射线法作展开图的物体如图 4-28 所示。放射线法展开步骤如下:

（1）先划出俯视图和主视图,分别表示出周长和高。

（2）将周长分为若干等份,并将各分点向主视图底边引垂线,示出它们的位置和交点连接的长度。

（3）再以交点为圆心,以斜边长度为半径,作出与周长等长的圆弧。同时,划出各分点,把各分点与交点相连接。再根据各分点在主视图上实长为半径,在各分点对应的连线上截取,连接各截点,即构成展开图。

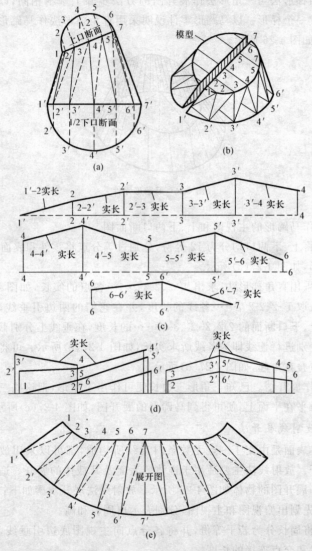

图 4-27 采用直角梯形法作马蹄形展开图

(a)主视图和上、下口断面图;(b)模型;(c)、(d)求实长;(e)展开图

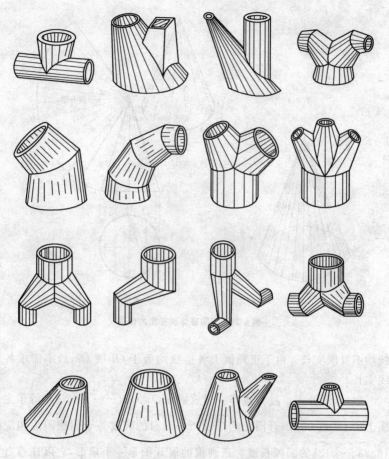

图 4-28 适用于放射线法作展开图的物体

【例 4-8】 正圆锥体展开图的作法。

正圆锥体展开图的作法如图 4-29 所示。

(1)按要求作正圆锥的主视图和俯视图(可以省略俯视图)。

(2)将正圆锥俯视图圆等分为 12 等份,过各分点向上引主视图的垂线,交于主视图底边线上,得各等分点,将等分点与顶点 O 连接,便得到一组放射线。

(3)求各放射线实长。在主视图上,除 $O1$ 和 $O7$ 反映实长外,其余各

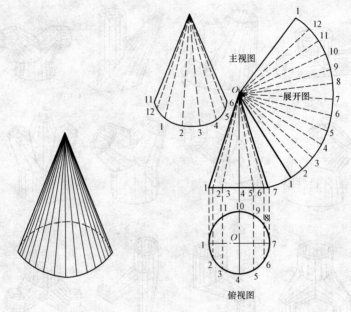

图 4-29　正圆锥体展开图的作法

线均不反映实长。由于正圆锥上各连线均等于 $O1$ 或 $O7$，故不需求各连线实长。

（4）作展开图。过 O 点作一组放射线 $O1$、$O2$、……、$O12$，$O1$ 等于主视图上的 $O1$ 或 $O7$，展开图上的 $\overset{\frown}{12}$、$\overset{\frown}{23}$、…、$\overset{\frown}{121}$ 的长度等于俯视图上相应的 $\overset{\frown}{12}$、$\overset{\frown}{23}$、…、$\overset{\frown}{121}$ 的圆弧长度。正圆锥的展开图是一个扇形，它以任意点为圆心，以主视图上轮廓线为半径作扇形，扇形的弧长等于圆锥底部圆周长。扇形的圆心角 α 的计算公式：

$$\alpha = 180° \frac{D}{R}$$

式中　D——圆锥底部直径；

　　　R——主视图上的轮廓线长度。

二、计算法展开放样

计算法展开放样是根据通风管道、部件的已知尺寸，按各尺寸间的几何关系、三角函数关系建立部件结合线的解析表达式,计算出展开图中各点的坐标、线段长度,再由计算结果绘出展开图形,或由计算机直接绘出展开图。计算法展开放样的步骤如下:

(1)徒手绘制管件、部件的主视图、俯视图,及其他需要的视图(草图)。

(2)将管件、部件的断面分成若干等份,一般以 16 或 24 为宜,等分点愈多,展开图愈精确,但相应的计算也愈繁琐。

(3)从等分点向主视图或相关图引素线或结合线,如为相贯构件,结合线可大致绘出。

(4)根据圆周等分数绘出展开放样草图,并将需要计算长度的线段标注代号。

(5)将圆周上等分点间的弧计算成角度或弧度。

(6)根据视图中的几何、三角函数关系,建立展开图中各点的坐标、线段长度的解析计算式(本书直接引用公式,不作公式推导),或直接应用已建立的解析计算式(计算式中考虑了板厚处理,薄板构件板厚视为零)求得展开图中各点的坐标和线段长度。

(7)根据计算绘展开图。绘图前必须对线段长度进行校核,无误后再进行绘图。对咬接薄构件,放样下料时应加咬口余量。

图 4-30 所示为用计算法作两节任意角弯头展开图的步骤。

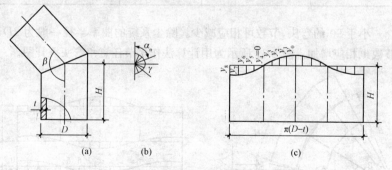

图 4-30　计算法作两节任意角弯头的展开图
(a)视图;(b)等分断面管;(c)展开图

【例 4-9】　多节等径任意角度弯头计算法展开放样。

由于圆形弯头使用的位置不同,有 90°、60°、45°、30°等。圆形弯头可按需要的中心角,由若干个带有双斜口的管节和两个带有单斜口的管节组成,见图 4-5。以 D 表示弯头的直径,R 表示弯头的曲率半径,把带有双斜口的管节叫"中节",把分别设在弯头两端带有单斜口的管节叫"端节",端节为中节的一半。因为圆柱体的垂直横断面是个正圆形,而斜截面是椭圆形,二者周长不相同,就不能正确相合,因此,圆形弯头必须两端各设一个端节。

弯头的曲率半径大,中节数多,阻力小,但占有空间位置大,费工也多;曲率半径小,中节较少,费工虽少,但阻力大。曲率半径的大小和节数的多少,应按设计要求施工。当设计无规定时,应符合表 4-6 规定。

表 4-6　　　　　　　　　圆形弯管弯曲半径和最少节数

弯管直径/mm	弯曲半径 R	弯曲角度和最少节数							
		90°		60°		45°		30°	
		中节	端节	中节	端节	中节	端节	中节	端节
80～220	$R=(1～1.5)D$	2	2	1	2	1	2		2
240～450	$R=(1～1.5)D$	3	2	2	2	1	2		2
480～800	$R=(1～1.5)D$	4	2	2	2	2	2	1	2
850～1000	$R=(1～1.5)D$	5	2	3	2	2	2	1	2
1500～2000	$R=(1～1.5)D$	8	2	5	2	3	2	2	2

小于 90°的弯头,节数可相应减少。除尘系统的曲率半径一般为 $2D$,节数也相应增加。图 4-31 所示为用计算法作多节任意角弯头展开图。

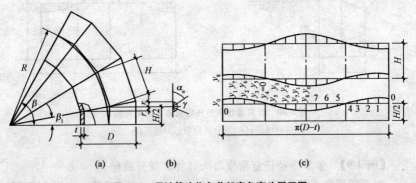

(a)　　　　　(b)　　　　　　　　　　　(c)

图 4-31　用计算法作多节任意角弯头展开图

任意角弯头展开放样计算公式见表 4-7。

表 4-7　　　　　　　多节等径任意角弯头展开放样计算公式

名　　称	计算公式	单位
计算角	$\beta_1 = \dfrac{\beta}{2(N-1)}$	°(度)
端节轴线长度	$\dfrac{H}{2} = R\tan\beta_1$	mm
中节轴线长度	$H = 2R\tan\beta_1$	mm
坐标值	$y_n = r\cos\alpha_n$	mm
辅助圆 半径(1)	当 $0° \leqslant \alpha_n \leqslant 90°$ 时 则 $r = \dfrac{1}{2}(D-2t)\tan\beta_1$ $y_n = \dfrac{1}{2}(D-2t)\tan\beta_1\cos\alpha_n$	mm
辅助圆 半径(2)	当 $90° < \alpha_n \leqslant 180°$ 时 则 $r = \dfrac{1}{2}D\tan\beta_1$ $y_n = \dfrac{1}{2}D\tan\beta_1\cos\alpha_n$	mm

注：式中 β—中节的中心角(度)；N—弯头的总节数；R—弯头弯曲半径(mm)；D—圆管外径(mm)；t—板厚(mm)，薄板 $t=0$；α_n—辅助圆等分角(度)。

第四节　实测加工图绘制

在通风空调工程施工中，由于施工图往往只标明了大致位置、高和形状，除部分标准部件可以按指定的标准大样图加工外，其他管、部件的具体尺寸，如风管的长度、三通、四通的高度及夹角、弯头的率半径及角度等，均应实地测量，并绘制加工图。图 4-32 所示为通风与空调系统实测加工图。

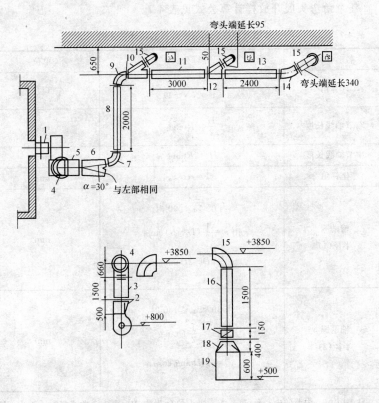

图 4-32　通风与空调系统实测加工图

一、标准风管与管件规格尺寸

(1)圆形通风管道和矩形通风管道的规格尺寸见表 4-8、表 4-9。

表 4-8　　　　　　　　　圆形通风管道规格表　　　　　　　　　　mm

风　管　直　径			
基本系列	辅助系列	基本系列	辅助系列
100	80 90 100	120	110 120

（续）

风　管　直　径			
基本系列	辅助系列	基本系列	辅助系列
140	130 140	550	530 560
160	150 160	630	600 630
180	170 180	700	670 700
200	190 200	800	750 800
220	210 220	900	850 900
250	240 250	1000	950 1000
280	260 280	1120	1060 1120
320	300 320	1250	1180 1250
360	340 360	1400	1320 1400
400	380 400	1600	1500 1600
450	420 480	1800	1700 1800
500	480 500	2000	1900 2000

注：圆形风管应优先采用基本系列。

表 4-9　　　　　　　　　　矩形通风管道统一规格表　　　　　　　　　　mm

外边长 （长×宽）	外边长 （长×宽）	外边长 （长×宽）	外边长 （长×宽）	外边长 （长×宽）	外边长 （长×宽）
120×120	250×250	400×400	630×500	1000×500	1600×630
160×120	250×500	500×200	630×630	1000×630	1600×800
160×160	320×160	500×250	800×320	1000×800	1600×1000
200×120	320×200	500×320	800×400	1000×1000	1600×1250
200×160	320×250	500×400	800×500	1250×630	2000×1000
200×200	320×320	500×500	800×630	1250×400	2000×1250
250×120	400×200	630×250	800×800	1250×800	
250×160	400×250	630×320	1000×320	1250×1000	
250×200	400×320	630×400	1000×400	1600×500	

（2）标准管件规格尺寸见表 4-10～表 4-13。

表 4-10　　　　　　　　　　钢制圆形风管法兰尺寸表

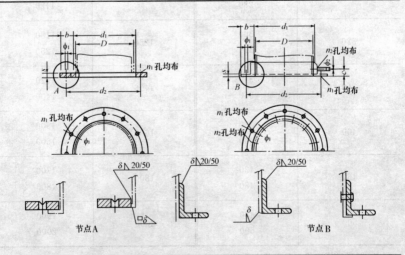

（续一）

序号	风管外径 D/mm	法兰尺寸及用料规格								法兰个重 /kg	配用螺栓规格	配用铆钉规格
		$b \times S$ /mm	d_1 /mm	d_1 /mm	c /mm	螺孔		铆孔				
						ϕ_1 /mm	n_1 /个	ϕ_2 /mm	n_2 /个			
1	80	∟20×4	82	102		7.5	4			0.20	M6×20	
2	90		92	112						0.22		
3	100		102	122						0.24		
4	110		112	132						0.26		
5	120		122	142			6			0.28		
6	130		132	152						0.30		
7	140		142	162						0.32		
8	150		152	172						0.34		
9	160		162	182						0.36		
10	170		172	192						0.38		
11	180		182	202						0.40		
12	190		192	212						0.42		
13	200		202	222			8			0.44		
14	210	∟25×4	213	243	15	7.5		4.5	8	1.09		
15	220		223	253						1.13		
16	240		243	273						1.22		
17	250		253	283						1.27		
18	260		263	293						1.32		
19	280		283	313						1.41		
20	300		303	333						1.50		
21	320		323	353			10		10	1.59	M16×20	φ4×8
22	340		343	373						1.68		
23	360		363	393						1.77		
24	380		383	413						1.87		
25	400		403	433						1.96		
26	420		423	453			12		12	2.05		
27	450		453	483						2.19		
28	480		483	513						2.32		
29	500		503	533						2.42		

（续二）

序　号	风管外径 D/mm	法兰尺寸及用料规格 b×S /mm	d₁ /mm	d₁ /mm	c /mm	螺孔 φ₁ /mm	螺孔 n₁ /个	铆孔 φ₂ /mm	铆孔 n₂ /个	法兰个重 /kg	配用螺栓规格	配用铆钉规格
30	530		533	567			14		14	3.15		
31	560		563	597						3.32		
32	600		603	637			16		16	3.55		
33	630		633	667						3.71		
34	670	L30×4	673	707	17		18		18	3.94		
35	700		703	737						4.11		
36	750		753	787			20		20	4.39		
37	800		803	837						4.67		
38	850		853	887			22		22	6.03		
39	900		903	937						6.37		
40	950		953	993			24		24	6.71		
41	1000		1003	1043		9.5		5.5		7.05	M8×25	φ5×10
42	1060	L36×4	1063	1103	20		26		26	7.46		
43	1120		1123	1163						7.87		
44	1180		1183	1223			28		28	8.28		
45	1250		1253	1293						8.75		
46	1320		1323	1367			32		32	10.36		
47	1400		1403	1447						10.97		
48	1500		1503	1547			36		36	11.73		
49	1600	L40×4	1603	1647	22					12.49		
50	1700		1703	1747			40		40	13.25		
51	1800		1803	1847						14.02		
52	1900		1903	1947			44		44	14.78		
53	2000		2003	2047						15.54		

表 4-11 硬聚氯乙烯板圆形法兰尺寸表

风管直径 /mm	法兰用料规格			镀锌螺栓规格 /mm
	宽×厚/mm	孔 径/mm	孔 数/个	
100~160	—35×6	7.5	6	M6×30
180	—35×6	7.5	8	M6×30
200~220	—35×8	7.5	8	M6×35
250~320	—35×8	7.5	10	M6×35
360~400	—35×8	9.5	14	M8×35
450	—35×10	9.5	14	M8×40
500	—35×10	9.5	18	M8×40
560~630	—40×10	9.5	18	M8×40
700~800	—40×10	11.5	24	M10×40
900	—45×12	11.5	24	M10×45
1000~1250	—45×12	11.5	30	M10×45
1400	—50×15	11.5	38	M10×45
1600	—60×15	11.5	38	M10×50
1800~2000		11.5	48	M10×50

表 4-12 钢板矩形风管法兰尺寸表 mm

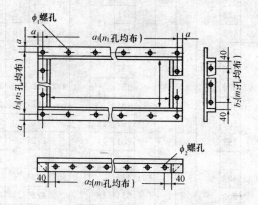

（续一）

序号	风管规格		法兰尺寸及用料规格											法兰个重/kg	配用螺栓规格	配合铆钉规格
	A	B	A₁	B₂	角钢规格	螺孔					铆孔						
						ϕ_1	a	a_1	b_1	孔数/个	ϕ_2	a_2	b_2	孔数/个			
1	120	120	122	122	∟25×4	7.5		151	151	4	4.5	42	42	8	0.86	M6×20	φ4×8
2	160	120	162	122	∟25×4	7.5		191	151	6	4.5	82	42	8	0.98	M6×20	φ4×8
3	160	160	162	162	∟25×4	7.5		191	191	8	4.5	82	82	8	1.09	M6×20	φ4×8
4	200	120	202	122	∟25×4	7.5		231	151	6	4.5	122	42	8	1.09	M6×20	φ4×8
5	200	160	202	162	∟25×4	7.5		231	191	8	4.5	122	82	8	1.21	M6×20	φ4×8
6	200	200	202	202	∟25×4	7.5		231	231	8	4.5	122	122	8	1.33	M6×20	φ4×8
7	250	120	252	122	∟25×4	7.5		281	151	6	4.5	172	42	8	1.24	M6×20	φ4×8
8	250	160	252	162	∟25×4	7.5		281	191	8	4.5	172	82	10	1.36	M6×20	φ4×8
9	250	200	252	202	∟25×4	7.5		281	231	8	4.5	172	122	10	1.47	M6×20	φ4×8
10	250	250	252	252	∟25×4	7.5		281	281	8	4.5	172	172	12	1.62	M6×20	φ4×8
11	320	160	322	162	∟25×4	7.5		351	191	10	4.5	242	82	10	1.56	M6×20	φ4×8
12	320	200	322	202	∟25×4	7.5		351	231	10	4.5	242	122	10	1.68	M6×20	φ4×8
13	320	250	322	252	∟25×4	7.5		351	281	10	4.5	242	172	10	1.82	M6×20	φ4×8
14	320	320	322	322	∟25×4	10.5		351	351	12	4.5	242	242	12	2.03	M6×20	φ4×8
15	400	200	402	202	∟25×4	10.5		431	231	10	4.5	322	122	14	1.91	M8×20	φ4×8
16	400	250	402	252	∟25×4	10.5		431	281	10	4.5	322	172	14	2.06	M8×20	φ4×8
17	400	320	402	322	∟25×4	10.5		431	351	12	4.5	322	242	14	2.26	M8×20	φ4×8
18	400	400	402	402	∟25×4	10.5		431	431	12	4.5	322	322	16	2.49	M8×20	φ4×8
19	500	200	502	202	∟25×4	10.5		531	231	12	4.5	422	122	14	2.20	M8×20	φ4×8
20	500	250	502	252	∟25×4	10.5		531	281	12	4.5	422	172	16	2.35	M8×20	φ4×8
21	500	320	502	322	∟25×4	10.5		531	351	14	4.5	422	242	16	2.55	M8×20	φ4×8
22	500	400	502	402	∟25×4	10.5		531	431	14	4.5	422	322	18	2.79	M8×20	φ4×8
23	500	500	502	502	∟25×4	10.5		531	531	16	4.5	422	422	20	3.07	M8×20	φ4×8
24	630	250	632	252	∟25×4	9.5		661	281	14	4.5	552	172	18	2.73	M8×25	φ4×8
25	630	320	632	322	∟25×4	9.5		661	351	16	4.5	552	242	18	2.93	M8×25	φ4×8
26	630	400	632	402	∟25×4	9.5		661	431	16	4.5	552	322	20	3.17	M8×25	φ4×8
27	630	500	632	502	∟25×4	9.5		661	531	18	4.5	552	422	22	3.46	M8×25	φ4×8
28	630	630	632	632	∟25×4	9.5		661	661	20	4.5	552	552	24	3.84	M8×25	φ4×8

（续二）

序号	风管规格				法兰尺寸及用料规格										法兰个重/kg	配用螺栓规格	配合铆钉规格
					角钢规格	螺　孔					铆　孔						
	A	B	A₁	B₂		φ₁	a	a₁	b₁	孔数/个	φ₂	a₂	b₂	孔数/个			
29		320		322					356	18			242	20	4.01		
30		400		402					436				322	22	4.24		
31	800	500	802	502			836		536	20	4.5	752	422	24	4.53		
32		630		632					666	22			552	26	4.91		
33		800		802					836	24			722	28	5.92		
34		320		322	L 25×4				356	20			242	22	4.72		
35		400		402					436				322	24	4.96		
36	1000	500	1002	502		13	1036		536	22		922	422	26	5.25		
37		630		632					666	24			552	28	5.63		
38		800		802					836	26			722	30	6.64		
39		1000		1002					1036	28			922	32	7.35		
40		400		402		9.5			436	22			322	28	5.85	M8×20	φ5×10
41		500		502					536	24			422	30	6.14		
42	1250	630	1252	632			1286		666	26		1172	552	32	6.52		
43		800		802					836	28	5.5		722	34	7.53		
44		1000		1002	L 30×4				1036	30			922	36	8.24		
45		500		502					546				422	34	9.61		
46		630		632					676	32			552	36	9.99		
47	1600	800	1602	802			1646		846	34		1522	722	38	11.00		
48		1000		1002		18			1046	36			922	40	11.71		
49		1250		1252					1296	38			1172	44	12.60		
50		800		802					846				722		12.93		
51	2000	1000	2002	1002	L 40×4		2046		1046	40		1922	922	46	13.64		
52		1250		1252					1296	42			1172	50	14.53		

表 4-13　　　　　　　　　　　硬聚氯乙烯板矩形法兰尺寸表

风管大边长 /mm	法　兰　用　料　规　格			镀锌螺栓规格 /mm
	宽×厚/mm	孔径/mm	孔数/个	
120~160	−35×6	7.5	3	M6×30
200~250	−35×8	7.5	4	M6×35
320	−35×8	7.5	5	M6×35
400	−35×8	9.5	5	M8×35
500	−35×10	9.5	6	M8×40
630	−40×10	9.5	7	M8×40
800	−40×10	11.5	9	M10×40
1000	−45×12	11.5	10	M10×45
1250	−45×12	11.5	12	M10×45
1600	−50×15	11.5	15	M10×50
2000	−60×18	11.5	18	M10×60

二、有条件实测时加工图的绘制

(1)根据基础尺寸与通风机产品说明书画出通风机安装位置及标高,决定风机吸入口与排出口坐标。如和通风间与空调室等连接,则应根据预埋法兰零件,详细画出连接管及节点大样,配制法兰时,应对正螺孔方位,如与金属风管等连接,其方法见图 4-33。短管长度 A 不小于通风机的宽度。

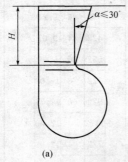
(a)

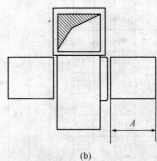
(b)

图 4-33　通风机与金属风管连接法
(a)排出口连接法;(b)吸入口连接法

（2）根据主风管预留孔尺寸和操作方便（风管表面距墙面不小于 50mm）画出通风与空调系统主管的位置及标高。

（3）根据柱间、隔墙间、支管预留孔尺寸以及有关设备接口坐标画出通风空调系统各支管的位置与标高，送风分布器、排风吸气罩的位置与标高。吸风罩的高度如设计未规定时，应按水平角 60° 决定。

（4）根据隔墙、楼板、吊车梁等的位置、标高，划分管段。法兰不能设在墙内、楼板内或不易操作的地方，也不可置于送、吸风口之中。

（5）变径管的张开角一般为 25°～35°，方变圆或圆变方的管道断面尺寸，如设计无规定时，应根据流速相等的要求，按当量直径选用。

（6）根据主管、支管的分布情况，画出三通或四通的夹角及高度。三通夹角无规定时，一般为 15°～60°，送、排气系统可采用 30°（在特殊情况下不得超过 45°），除尘系统应采用 15°，如图 4-34 所示。

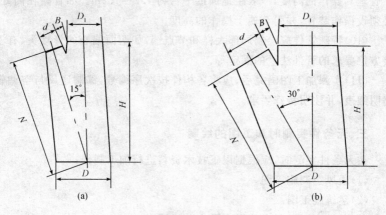

图 4-34 三通大样

(a)15°三通；(b)30°三通

（7）圆形弯管的弯曲半径（以中心线计）及最少节数，如设计无规定时，按表 4-14 的规定选用。

矩形风管的弯管可采用内弧形或内斜线矩形弯管。当边长大于或等于 500mm 时，应设置导流片。

（8）圆形和矩形风管的管段长度，一般可按钢板规格和安装位置决定，管段长度宜为 1.8～4m，风管各管段间的连接应采用可拆卸的形式。

表 4-14　　　　　　　　　圆形弯管弯曲半径和最少节数

弯管直径 D /mm	弯曲半径 R	弯曲半径和最少节数							
		90°		60°		45°		30°	
		中节	端节	中节	端节	中节	端节	中节	端节
80~220	≥1.5D	2	2	1	2	1	2	—	2
240~450	D~1.5D	3	2	2	2	1	2	—	2
480~800	D~1.5D	4	2	2	2	1	2	1	2
850~1400	D	5	2	3	2	2	2	1	2
1500~2000	D	8	2	5	2	3	2	2	2

注:除尘系统圆形弯管弯曲半径应大于或等于2倍弯管直径。

(9)在划分管段时,一切调节装置,如蝶阀、活门、挡板等,应设置在易于管理和操作的高度,一般距地面或平台约 1.2~1.5m。如管路在高处,必须设操作装置,并引至便于操作的高度。

(10)特殊管件应绘制局部大样和节点图,如两面偏心的管接头、有安装方位要求的管件法兰的固定等。

(11)实测加工图画完后,应将各构件按次序编号,编制通风与空调管路明细表,并注明特殊要求。

三、无条件实测时加工图的绘制

在无条件实测时,应根据以下技术资料进行加工制作:

(1)通风空调施工图。

(2)建筑施工图。

(3)通风空调设备产品样本及安装说明书。

(4)通风空调管件、部件标准大样图。

(5)其他有关技术资料。

第五章 管道工程图识读

在实际工程中,通风管道既多又长,画在图上线条常是纵横交错,数量繁多且密集的,很难识别。为此,本章依据各种管道的共同图示特点,介绍在各种管道施工图中常用的一些基本表达和绘制方法。

第一节 管道单线图和双线图

一、单线图、双线图的概念

由于管道的截面尺寸比管子的长度尺寸小得多,因此,在小比例尺的施工图中,往往把管子的壁厚和空心的管腔全部看成是一条线的投影。这种在图形中用单根线表示管道和管件的图样称为单线图。单线图特点是立体感较强、比较容易看懂,是管道施工中最实用、最便捷的施工图纸。

在某些大比例尺的施工图中,如仍采用单线表示管道和管件,往往难以表达管道、管件与有关连接设备和相邻建筑构件的空间位置关系,为此,在图形中采用两根线条表示管道和管件的外形,其壁厚因相对尺寸较小而予以省略,这种仅表示管道和管件外轮廓线的投影图称为双线图。

在各种管道工程施工图中,平面图和系统图中的管道多采用单线图,剖面图和详图的管道均采用双线图。在通风工程施工图中,平面图的管道同剖面图和详图一样也采用双线图,而系统图的管道有时也采用双线图。

二、管道和管件单、双线图

1. 管道单、双线图

管道也称为管路,是输送介质的通道,主要由管道、管件和附件组成,绘制管道工程图时,可以用单线图和双线图两种。

管道的单线图,它的水平投影应积聚为一个小圆点,但为了便于识别,在圆点外加画了一个小圆。也有的施工图中仅画成一个小圆,小圆的圆心并不加点。从国外引进的施工图中,则表示积聚的小圆被十字线一分为四,其中有两个对角处,打上细斜线阴影,如图 5-1 所示,空心圆管的单线图为上述第一种情况。

双线图就是用两条线表示管道、管件等的轮廓,而不表示壁厚的绘图方法。而且大多数的通风空调工程系统图用双线图表示。

2. 弯头单、双线图

在三面视图和双线图中,管壁的虚线未画,弯头投影所产生的虚线部分也可以省略不画。图 5-2 为一个 90°弯头的三面视图和双线图,图中这两种双线图的画法虽然在图形上有所不同,但意义相同。

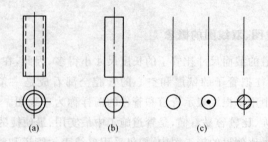

图 5-1　短管的表示法
(a)用投影图表示;(b)用双线图表示;(c)用单线图表示

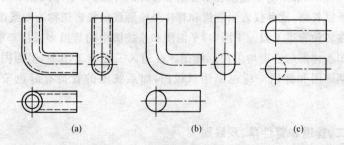

图 5-2　弯头的表示法
(a)三视图;(b)双线图;(c)两种画法意义相同

图 5-3(a)所示为弯头的单线图,在俯视图上先看到立管的断口,后看到横管。画图时,按管道的单线图的表示方法,对于立管断口的投影画成

一个有圆心点的小圆,横管画到小圆边上。在侧视图上,先看到立管,横管的断口也在背后看不到。画图时,横管应画成小圆,立管画到小圆的圆心。在单线图里,表示横管的小圆,也可稍微断开来画,如图 5-3(b)所示,这两种画法意义相同。

图 5-4 为 45°弯头的单、双线图。45°弯头同 90°弯头的画法相似,但在画图时,90°头应画成整圆,而 45°弯头只画成半圆。空心的半圆同半圆上加一条细实线,这两种画法意义相同。

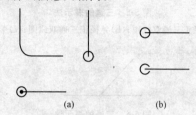

图 5-3　弯头的表示法

(a)单线图;(b)两种画法意义相同

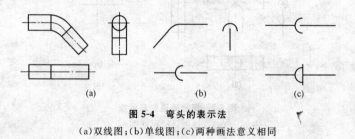

图 5-4　弯头的表示法

(a)双线图;(b)单线图;(c)两种画法意义相同

3. 三通单、双线图

如图 5-5 所示,在单线图内,无论同径或异径,其立面图形式相同,其中右立面(右视)图的两种形式意义相同。

同径或异径斜三通在单线图内,其立面图的表示形式也相同,如图 5-6所示。

4. 四通单、双线图

图 5-7 所示为同径四通的单、双线图。在同径四通的双线图中,其正视图的相贯线呈十字交叉线。在单线图中,同径四通和异径四通的表示形式相同。

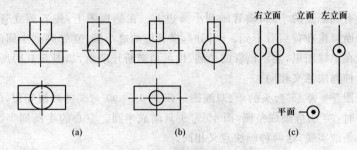

图 5-5　三通的表示法

(a)同径正三通双线图；(b)异径正三通双线图；(c)单线图

图 5-6　三通的表示法

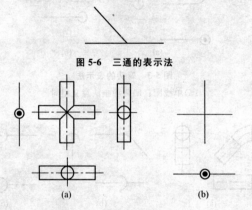

图 5-7　同径四通的表示法

(a)双线图；(b)单线图

5. 大小头单、双线图

同心大小头在单线图里，有的画成等腰梯形，有的画成等腰三角形，这两种表示形式意义相同，见图 5-8(a)。

偏心大小头的单线图和双线图是用立面图形式表示的，见图 5-8(b)。如偏心大小头在平面图上的图样与同心大小头相同，这就需要用文字注明"偏心"二字，以免混淆。

6. 阀门单、双线图

在实际工程中阀门的种类很多，其图样的表现形式也较多，现仅选一种法兰连接的截止阀，它的立面图和平面图在表 5-1 中列出。

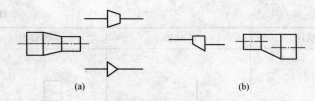

图 5-8　大小头的表示法

(a)同心大小头；(b)偏心大小头

表 5-1　　　　　　　　　　　　　　阀门单、双线图

项　　目	单线图	双线图
阀柄向前		
阀柄向后		

（续）

项目	单线图	双线图
阀柄向右	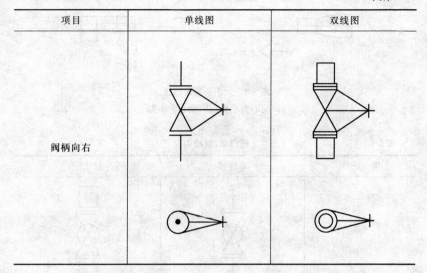	

三、管道积聚

根据投影原理可知，一根直管的积聚用双线图形式表示就是一个小圆圈，用单线图形式表示则为一个小圆点。为了便于识别，将用单线图形表示的直管的积聚画成一个圆心带点的小圆圈，见图 5-1、图 5-9。

直管弯曲后就成了弯管，通过对弯管的分析可知，弯管是由直管和弯头两部分组成的，直管积聚后的投影是个小圆圈，与直管相连接的弯头，在拐弯前的投影也积聚成小圆圈，并且同直管积聚成小圆的投影重合，如图 5-9 所示。

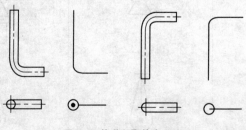

图 5-9　管道积聚的表示法

管道与阀门积聚的表示法见图 5-10。

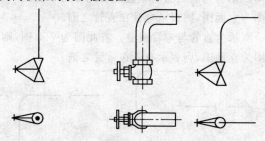

图 5-10　管道与阀门积聚的表示法

四、管道重叠

1. 管道重叠形式

图 5-11 所示为一组 Ⅱ 形管的单、双线图，在平面图上由于几根横管重叠，看上去好像是一根弯管的投影。

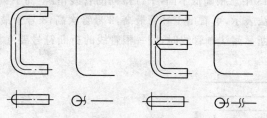

图 5-11　管子重叠的表示法

2. 两根管线重叠表示法

重叠管线一般采用折断显露法表示。结合一个例子来讲：画了三根在一个立面里的平行的横管，画出立面投影，再画出侧面投影，最后画平面投影时，顺理成章地引出了重叠问题。显然，最上方的管子挡住了下面两根，那么想象把它"折断"，取走中间一小截，就露出下面一根了。同样的，"折断"第二根，最下方的一根就露出来了，这样的表示方法就可把两根或多根重叠管线显示清楚。

图 5-12(a) 所示为两根直管的重叠。若此图是平面图，则表示断开的管线高于中间显露的管线；若此图是立面图，那么断开的管线则在中间显露的管线之前。

图 5-12(b)所示为弯管与直管重叠。若此图为平面图,则表示弯管高于直管;若此图为立面图,则表示弯管在直管之前。

图 5-12(c)所示为直管与弯管重叠。若此图为平面图,则表示直管高于弯管;若此图为立面图,则表示直管在弯管之前。

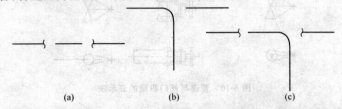

(a)　　　　　　　(b)　　　　　　　(c)

图 5-12　两根管线重叠的表示法

(a)两根直管重叠;(b)弯管和直管重叠;(c)直管和弯管重叠

3. 多根管线重叠表示法

如图 5-13 中三根高低不同,平行排列的管线,自上而下编号为 1、2、3。用折断显露法表示,可看出 1 号管最高,2 号管次高,3 号管最低。

运用折断显露法画管线时,同一根管线的折断符号要互相对应,如图 5-13 所示。

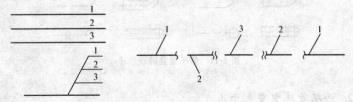

图 5-13　多根管线重叠的表示法

五、管道交叉

1. 两根管线交叉

两根交叉管线的投影相交,较高(前)的管线不论是以双线或是以单线表示,均完整显示。较低(后)的管线在单线图中要断开表示,在双线图中则用虚线表示,见图 5-14(a)、(b)。

在单、双线图同时存在的图中,如果双线管高(前)于单线管,那么单线管被双线管遮挡的部分用虚线表示;如果单线管高(前)于双线管,则不存在虚线,见图 5-14(c)、(d)。

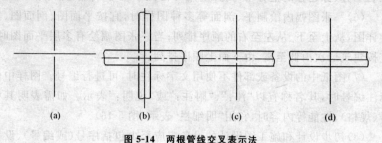

(a)   (b)   (c)   (d)

图 5-14　两根管线交叉表示法

2. 多根管线交叉

在图 5-15 中的四根管线以 1 管为最高(前),2 管次高(前),3 管次低(后),4 管为最低(后)。

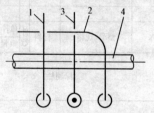

图 5-15　多根管线交叉表示法

第二节　管道与设备图样画法

一、图样画法一般规定

(1)各工程、各阶段的设计图纸应满足相应的设计深度要求。

(2)本专业设计图纸编号应独立。

(3)在同一套工程设计图纸中,图样线宽组、图例、符号等应一致。

(4)在工程设计中,宜依次表示图纸目录、选用图集(纸)目录、设计施工说明、图例、设备及主要材料表、总图、工艺图、系统图、平面图、剖面图、详图等,如单独成图时,其图纸编号应按所述顺序排列。

(5)图样需用的文字说明,宜以"注:"、"附注:"或"说明:"的形式在图纸右下方、标题栏的上方书写,并应用"1、2、3……"进行编号。

(6)一张图幅内绘制平、剖面等多种图样时,宜按平面图、剖面图、安装详图,从上至下、从左至右的顺序排列;当一张图幅绘有多层平面图时,宜按建筑层次由低至高,由下而上顺序排列。

(7)图纸中的设备或部件不便用文字标注时,可进行编号。图样中仅标注编号时,其名称宜以"注:"、"附注:"或"说明:"表示。如需表明其型号(规格)、性能等内容时,宜用"明细栏"表示(图 5-16)。

(8)初步设计和施工图设计的设备表应至少包括序号(或编号)、设备名称、技术要求、数量、备注栏;材料表应至少包括序号(或编号)、材料名称、规格或物理性能、数量、单位、备注栏。

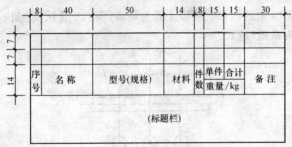

图 5-16　明细栏示例

二、管道和设备布置平面图、剖面图及详图

(1)管道和设备布置平面图、剖面图应以直接正投影法绘制。

(2)用于暖通空调系统设计的建筑平面图、剖面图,应用细实线绘出建筑轮廓线和与暖通空调系统有关的门、窗、梁、柱、平台等建筑构配件,并应标明相应定位轴线编号、房间名称、平面标高。

(3)管道和设备布置平面图应按假想除去上层板后俯视规则绘制,其相应的垂直剖面图应在平面图中标明剖切符号(图 5-17)。

(4)剖视的剖切符号应由剖切位置线、投射方向线及编号组成,剖切位置线和投射方向线均应以粗实线绘制。剖切位置线的长度宜为6～10mm;投射方向线长度应短于剖切位置线,宜为 4～6mm;剖切位置线和投射方向线不应与其他图线相接触;编号宜用阿拉伯数字,并宜标在投射方向线的端部;转折的剖切位置线,宜在转角的外顶角处加注相应编号。

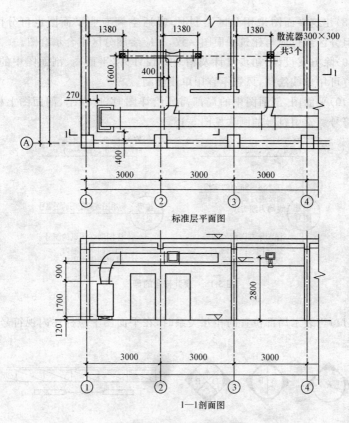

标准层平面图

1—1剖面图

图 5-17 平面图、剖面图示例

(5)断面的剖切符号应用剖切位置线和编号表示。剖切位置线宜为长度 6~10mm 的粗实线;编号可用阿拉伯数字、罗马数字或小写拉丁字母,标在剖切位置线的一侧,并应表示投射方向。

(6)平面图上应标注设备、管道定位(中心、外轮廓)线与建筑定位(轴线、墙边、柱边、柱中)线间的关系;剖面图上应注出设备、管道(中、底或顶)标高。必要时,还应注出距该层楼(地)板面的距离。

(7)剖面图,应在平面图上选择反映系统全貌的部位垂直剖切后绘制。当剖切的投射方向为向下和向右,且不致引起误解时,可省略剖切方向线。

(8)建筑平面图采用分区绘制时,暖通空调专业平面图也可分区绘制。但分区部位应与建筑平面图一致,并应绘制分区组合示意图。

(9)除方案设计、初步设计及精装修设计外,平面图、剖面图中的水、汽管道可用单线绘制,风管不宜用单线绘制。

(10)平面图、剖面图中的局部需另绘详图时,应在平、剖面图上标注索引符号。索引符号的画法见图 5-18。

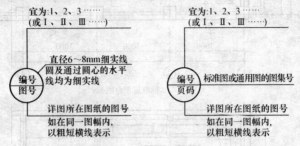

图 5-18 索引符号的画法

(11)当表示局部位置的相互关系时,在平面图上应标注内视符号(图5-19)。

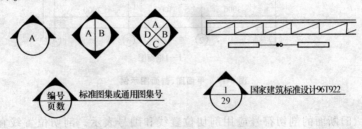

图 5-19 内视符号画法

三、管道系统图、原理图

(1)管道系统图应能确认管径、标高及末端设备,可按系统编号分别绘制。

(2)管道系统图采用轴测投影法绘制时,宜采用与相应的平面图一致的比例,按正等轴测或正面斜二轴测的投影规则绘制,可按现行国家标准《房屋建筑制图统一标准》(GB/T 50001—2010)绘制。

(3)在不致引起误解时,管道系统图可不按轴测投影法绘制。

(4)管道系统图的基本要素应与平、剖面图相对应。

(5)水、汽管道及通风、空调管道系统图均可用单线绘制。

(6)系统图中的管线重叠、密集处,可采用断开画法。断开处宜以相同的小写拉丁字母表示,也可用细虚线连接。

(7)室外管网工程设计宜绘制管网总平面图和管网纵剖面图。

(8)原理图可不按比例和投影规则绘制。

(9)原理图基本要素应与平面图、剖视图及管道系统图相对应。

第三节　管道剖面图识读

在通风空调工程图中,管道布局密集而复杂时,视图中虚线会很多,就很难弄清管道的真实形状和走向。为了能够清楚地表达管道的真实形状以及管件、阀件的内部或被遮挡部分的结构形状,工程制图中采用剖面图作为对正投影图的必要补充。

一、剖面图概述

(一)剖面图的形成

一个形体用三面投影或六面投影画出的投影图,只能表明形体的外部形状,但对于内部构造复杂的形体,仅用外形投影是无法表达清楚的。如一栋楼房,内部有各个房间,还有门窗、楼梯及地下基础等,如果仅用视图表示,则会出现较多的虚线,甚至虚实线相互重叠或交叉,致使图面含糊,表达不清,也不利于标注尺寸和读图。

假想用一个剖切平面在形体的适当位置将形体剖切,移去介于观察者和剖切平面之间的部分,对剩余部分向投影面所做的正投影,称为剖切面,简称剖面。剖切面通常为投影面平行面或垂直面。如图 5-20 所示为圆锥形薄壳基础的视图,为了能清晰表达出形体内部构造形状,在工程制图中标注采用剖面图来解决这一问题。用一个平面作为剖切平面,假想把形体切开,移去观看者与剖切平面之间的形体后所得到的形体剩下部分的视图,称为剖面图,简称剖面。

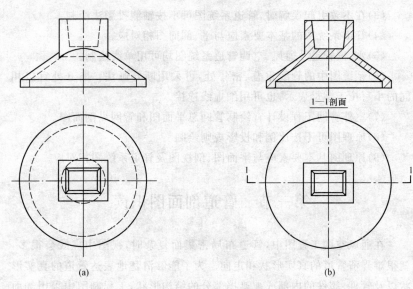

图 5-20   圆锥形薄壳基础的视图和剖面图

(a)视图;(b)剖面图

(二)剖面图分类

绘制剖面图时,根据被剖切物体的内部构造及外部形状决定剖切平面的数量、剖切位置和剖切方式,可以选择不同形式的剖视图。常见的几种剖面图类型有全剖面图、半剖面图、局部剖面图和阶梯剖面图。

1.全剖面图

只用一个假想剖切平面把物体完全切开后,重新投影所画的剖面图,称为全剖面图。如把止回阀完全切开后重新投影,如图 5-21 所示,这就是止回阀的全剖面图。

全剖面图可以帮助我们完全看清物体内部的构造和形状。

2.半剖面图

如果形体对称,画图时常把投影图一半画成剖面图,另一半画成外观图。换句话说,半剖面图就是半投影剖面图。这样组合而成的投影图叫做半剖面图。这种作图方法可以节省投影图的数量,而且从一个投影图可以同时了解到形体的外形和内部构造。半剖面图既可显示出物体的外形,又可显示出物体的内部形状,也就是内外结合。此种画法适用于内外形状对称的物体,如管道、阀件、配件、热交换器等。

【例 5-1】　把螺纹旋塞阀分两半,以对称中心线为界,右半部画成全剖面图,左半部画成投影图,即为该阀的半剖面图,如图 5-22 所示。

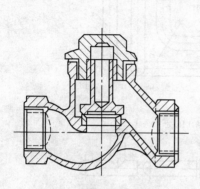 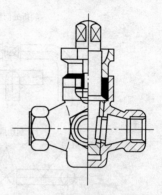

图 5-21　止回阀的全剖面图　　　图 5-22　螺纹旋塞半剖面图

画半剖面图时,应注意以下问题:

(1)半剖面图和半外形圆应以对称面或对称线为齐,对称面或对称线画成细点单点长画线表示。

(2)半剖面图一般应画在水平对称轴线的下侧或竖直对称轴线的右侧。

(3)半剖面图可以不画剖切符号。

3. 局部剖面图

局部剖面图是用假想的一个剖切平面把管件、阀件或设备中的某一局部部分剖开后投影所得出的图形。局部剖面图使用起来灵活方便,剖面部分与投影之间用波浪线分开。波浪线表示剖切的部位和范围,不与图样中其他图线重合。

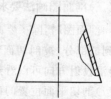

图 5-23　大小头局部剖视图

如表示大小头管壁的厚度与材质,用局部剖面图表示,如图 5-23 所示。

4. 阶梯剖面图

为了表示内部的结构和构造形式以及材料、高度等情况,将剖切平面转折成互相平等的两个平面,然后画剖面。如图5-24所示为某管线的阶梯剖面图。

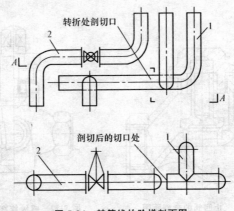

图 5-24　某管线的阶梯剖面图

在阶梯剖面图中,不能把剖切平面的转折平面投影成直线,并且要避免剖切面在图形轮廓线上转折。阶梯剖面图必须进行标注,其剖切位置的起、止和转折处都要用相同的阿拉伯数字标注。在画剖切符号时,剖切平面的阶梯转折用粗折线表示,线段长度一般为4～6mm,折线的凸角外侧可注写剖切编号,以免与图线相混。

(三)剖面图画法要求

画剖面图时,除了要画出剖切面切到的部分外,还要画出沿线投射方向看到的部分,被剖切面切到部分的轮廓线用粗实线来绘制,没有切到的,但沿投射方向可以看到的用中粗实线绘制。

(1)剖切平面位置的确定。剖面图的图形是由剖切平面的位置和投射方向决定的。因此,作形体的剖面图时,应首先确定剖切平面的位置,使剖切后得到的剖面图能够清晰地反映出形体的象征,以便于理解其内部的构造组成。

在选择剖切平面位置时,除应注意使剖切平面平行于投影面外,还需使其经过形体有代表性的位置,如孔、洞、槽位置(孔、洞、槽若有对称性则应经过其中心线)等。

(2)割切符号及画法。由于剖面图本身不能反映剖切平面的位置,因此必须在其他投影图上标出剖切平面的位置及剖切形式。剖切符号由剖切位置线及剖视方向线组成。

(3)材料。图例按国家制图标准规定,画剖面图时在断面部分应画上物体的材料图例,当不注明材料种类时,则可用等间距、同方向的45°细线(图例线)表示,如图5-25(a)所表示,也可用等间距、倾斜方向相反的45°细线(图例线)表示,如图5-25(b)所示。

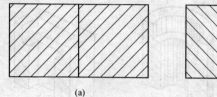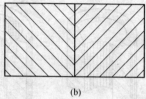

(a)　　　　　　　　　　　　　(b)

图 5-25　相同图例相接时画法

(a)错开;(b)倾斜的方向相反

(四)画剖面图注意事项

(1)由于剖面图是假想被剖开的,所以在画剖面图时,才假想形体被切去一部分,在画其他视图时,应按完整的形体画出。

(2)图例线应间隔均匀,疏密适度,做到图例正确,表示清楚。

(3)为了把形体的内部形状准确、清楚地表达出来,作剖面图时,一般都使剖切平面平行于基本投影面,并尽量通过形体上孔、洞、槽的中心线。

(4)不同品种的同类材料使用同一图例时,应在图上加必要的说明。

(5)由于形体是被假想剖开的,故而所形成的断面上的轮廓线应用粗实线画出,并在剖切断面上画出建筑材料符号,非断面部分的轮廓线一般仍用粗实线画出。

(6)对剖切面没有切到,但沿投射方向可以看见部分的轮廓线都必须用中粗实线画出,不得遗漏,几种常见孔槽剖面图的画法见图5-26。图中加"○"的线是初学者容易漏画的。

(7)剖面图着重表达的是形体的内部形状,因此,当表达形体外部轮廓的图线在剖面图上是虚线时,可省略不画。在必须画出虚线才能表达清楚时,仍需画出虚线。

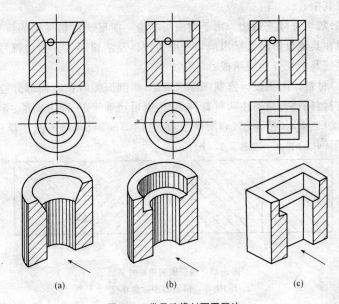

图 5-26 常见孔槽剖面图画法

（8）当出现下列情况时可不加文字说明：

1）一张图纸内的图样只用一种图例时；

2）图形较小，无法画出建筑图例时。

总之，剖面图是工程中应用最多的图样，必须掌握其画图方法，能准确理解和识读各种剖面图，提高识图能力。

二、管道剖面图识读方法

管道的剖面图是对管道平面图或立面图中某些面的剖切，因此，识读管道的剖面图时，必须对管道的平面图进行识读。

1. 单根管道剖面图

单根管道的剖面图，是利用剖切符号来表示管道的某个投影面，而不是用剖切平面沿着管道的中心线剖切开后所得的投影。某组管道平面图，如图 5-27（a）所示，选择其中 A 向、B 向剖切面，并按箭头所指方向投影，则得 A 向、B 向剖面图，如图 5-27（b）、（c）所示。

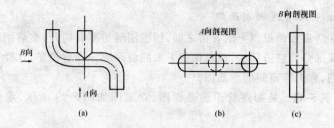

图 5-27　管道剖面图

【**例 5-2**】　某一热交换器配管的平面图、立面图如图 5-28(a)所示。采用 $A—A$、$B—B$ 剖切符号并根据上述方法，画出 $A—A$、$B—B$ 剖面图，如图 5-28(b)、(c)所示。

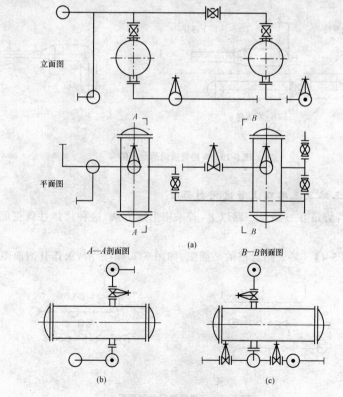

图 5-28　热交换器管道平面、剖面图

2. 两路管道间剖面图

在两根或两根以上的管道之间,假想用剖切平面切开,然后把剖切平面前面部分的管道移去,而对保留下来的前面部分管道投影,这样得到的投影图,称为管道间的剖面图。

【例 5-3】　某两路管道的平面图、立面图如图 5-29 所示,求作其剖面图。

从视图上看,1 号管道由来回弯组成,管道上安有阀门,而 2 号管道由摇头弯组成,管道右端有大小头,它们在平面图上表示较为清楚,而在立面图上较难表示清楚,为了表明 2 号管道,采用在 1 号和 2 号管道之间进行剖切。通过剖切把位于剖切平面之前带阀的 1 号管道移去,然后对剩余的摇头弯 2 号管道进行投影,得 I—I 剖面图,如图 5-29 所示。

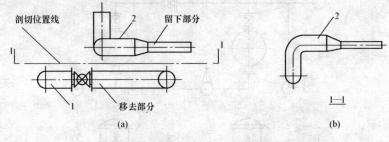

图 5-29　两路管道间的剖面图

3. 三路及三路以上管道间剖面图

如若管道在三路及三路以上,若采用上述方法,这种优越性就更能显示出来。

【例 5-4】　某三路管道的平面图,如图 5-30(a)所示,求作其剖面图。

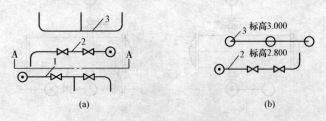

图 5-30　三根管道间的剖面图

假定 1 号管道离地面高度 3.0m，2 号管道离地面高度为 2.8m，3 号管道离地面高度也是 3.0m。若画成立面图，因 1 号、3 号管道标高相同，显然难以辨认。若在 1 号和 2 号管道之间标上剖切符号，画出 A—A 剖面图就能清楚地反映出 2 号和 3 号管道在垂直高度上的关系，如图 5-30(b)所示。

4. 管道断面剖面图

用一假想的剖切平面在管道断面上切开，把人与剖面平面之间一管道部分移去，对剩下部分进行投影所得到投影图，称为管道断面的剖面图。

【例 5-5】　某三路管道平面图，如图 5-31(a)所示。在Ⅱ—Ⅱ剖切符号处按箭头方向进行投影，得到的剖面图如图 5-31(b)所示。

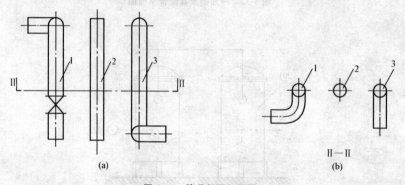

(a)　　　　　　　　　　　　　　　　(b)

图 5-31　管道断面剖面图

1 号管道剖切后阀门这部分管道属于移去部分，摇头弯部分则是留下的部分，反映在剖面图上的一个小圆下面连着方向朝左的弯管。2 号管道本身是直管，所以被剖切后留下的部分是一段长度比剖切前短的直管，在剖面图上看到的图形是一个小圆。3 号管道剖切后，摇头弯部分移走，带弯头的那部分管道留下，因此，在剖面图上看到的是小圆连着方向朝下的弯头。

【例 5-6】　某一组由两台立式冷却器组成的配管平面图，如图 5-32 所示。在平面图上标有三组剖切符号Ⅰ—Ⅰ、Ⅱ—Ⅱ、Ⅲ—Ⅲ，分别画出Ⅰ—Ⅰ剖面图，如图 5-33 所示；Ⅱ—Ⅱ剖面图，如图 5-34 所示；Ⅲ—Ⅲ剖面图，如图 5-35 所示。

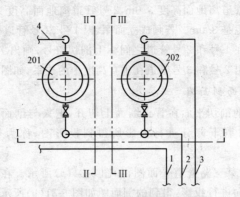

图 5-32　冷却器及其配管平面图

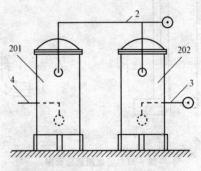

图 5-33　Ⅰ—Ⅰ 剖面图

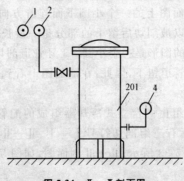

图 5-34　Ⅱ—Ⅱ 剖面图

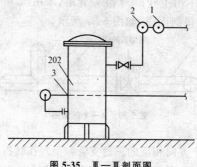

图 5-35　Ⅲ—Ⅲ剖面图

　　在Ⅰ—Ⅰ剖面图上，能清楚地表示两台立式冷却器的立面视图和 2 号、3 号管道的剖面图。

　　在Ⅱ—Ⅱ剖面图上，能清楚地表示 201 号立式冷却器的立面视图以及 4 号管道视图和 1 号、2 号管道的剖面图。

　　在Ⅲ—Ⅲ剖面图上能清楚地表示 202 号立式冷却器的立面视图以及 3 号管道和 1 号、2 号管道的剖面图。

　　复杂的管路，只要经过几个剖面图表示，就能清楚地反映出所有管路之间的相互位置关系。

5. 管道间转折处剖面图

　　用两个相互平行的剖切平面，在管道间进行剖切，同样把两个剖切平面之前部分移去，再对剩余部分进行投影，所得到的剖面图为转折剖面图，这种图又称阶梯剖或叫接力剖。这种方法经常用在只需剖切一部分管道，另一部分管道又非留下不可的情况。

　　【例 5-7】　四路管道的平面图，如图 5-36 所示。

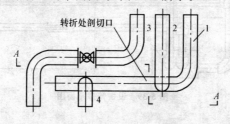

图 5-36　四路管道间平面图

为了清楚地表示出 1 号、2 号、3 号管道,采用图 5-36 中所示的剖切符号 A—A,投影后所得剖面图,如图 5-37 所示。

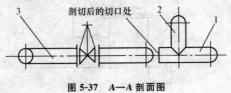

图 5-37　A—A 剖面图

1 号管道上两个方向相反的三通支管就呈现在转折剖切处的切口。在剖切平面的起始、转折、终止处,都应该用剖切符号表示,如图 5-38 所示。

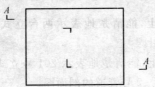

图 5-38　转折剖面符号表示

又如,由支路管道和两台设备(301 和 302)组成的平面图,如图 5-39 所示。

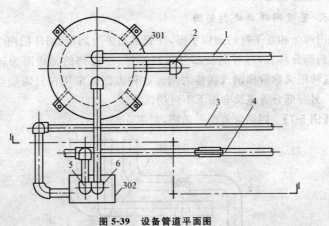

图 5-39　设备管道平面图

根据平面图上的转折剖切符号所示而画出Ⅰ—Ⅰ剖面图,如图 5-40 所示。

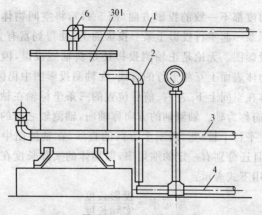

图 5-40　Ⅰ—Ⅰ剖面图

从Ⅰ—Ⅰ剖面图看出 1 号、2 号管道及设备 301 号的视图和 3 号、4 号、6 号管道的剖面视图,然后就能完全清楚各管道与设备之间的关系。

6. 管道剖面图识读方式

通过对剖面图的来源实例分析,可以更加清楚对管道剖面图识读的具体方法:

(1)在平面图上首先找到所识读的剖面图的剖切符号和剖切符号的顺序号。

(2)结合平面图看剖面图,弄清各管道的名称、走向、标高、坡度坡向、管径大小;设备的型号、位置标高、进出管位置及其他仪表、阀门、附件。

第四节　管道轴测图识读

在管道施工图中,管道系统的轴测图多采用正等测图和斜等测图,其中又以斜等测图更为常用,本节主要介绍管道轴测图的识读及画法。

一、轴测投影概述

1. 轴测投影的形成

三面投影可以比较全面地表示空间物体的形状和大小。但是这种图立体感较差,有时不容易看懂。为了获得有立体感的投影图,可采用与物体的三个方向度都不一致的投影方向(图 5-41),将空间物体及确定其位置的直角坐标系一起平行投影于某一投影面上,便得到富有立体感的图,这就是轴测投影图。无论是正轴测投影还是斜轴测投影,因投射线互相平行,因此,物体表面上互相平行的直线,在轴测投影图中仍保持平行。

表示物体在空间上下、左右、前后位置的三条坐标轴在轴测投影图上称为轴测轴,简称为轴。轴测轴的方向称轴向,轴测轴之间的夹角称为轴间角。物体上平行于长、宽、高三个方向的直线,在轴测图中平行于相应的轴测轴,而且还分别有一定的缩短率,即物体的实际长度在轴测投影中缩短的长度,用下式表示:

$$缩短率 = \frac{投影长度}{实际长度}$$

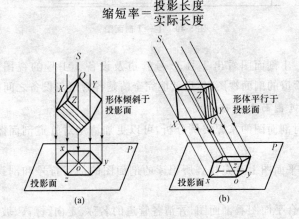

图 5-41　轴测投影的形成

P—轴测投影面;S—投影方向;OX、OY、OZ—空间直角坐标系;

$O_1 X_1$、$O_1 Y_1$、$O_1 Z_1$—轴测投影轴,简称轴测轴;

$\angle X_1 O_1 Y_1$、$\angle X_1 O_1 Z_1$、$\angle Y_1 O_1 Z_1$—轴测轴之间的夹角,简称轴间角;

p、q、r—轴测投影与空间直角坐标系上各轴的单位长度之比,称轴向变形系数。

2. 轴测投影的分类

轴测投影由于投射线的方向及形体摆放的位置不同,又可分为正轴测投影和斜轴测投影两类。

(1)正轴测投影。投影方向与轴测投影面垂直,空间形体的 OX、OY、OZ 三个坐标与轴测投影面的倾斜角度相等,这样得到的投影面称为正等轴测投影图,简称正轴测。常用正等测及正二测投影图,如图 5-41(a)

所示。

（2）斜轴测投影。投影方向与轴测投影面倾斜，而空间直角坐标轴中有两根坐标轴平行于轴测投影面时所形成的轴测投影，简称斜轴测，如图5-41（b）所示。

3. 轴测投影的特性

由于轴测投影属于平行投影，因此，轴测投影具有平行投影中的所有特性。

由于空间形体的直角坐标轴可与投影面 P 倾斜，其投影都比原来长度短，它们的投影与原来长度的比值，称为轴向变形系数，分别用 p、q、r 表示，即：

$$p=O_1X_1/OX, q=O_1Y_1/OY, r=O_1Z_1/OZ$$

轴测投影具有以下特征：

（1）直线的轴测投影仍然是直线。

（2）空间互相平行的直线段，其轴测投影仍然互相平行。所以与坐标轴平行的线段，其轴测投影也平行于相应的轴测轴。

（3）只有与轴平行的线段，才与轴测轴发生相同的变形，其长度才按轴向变形系数 p、q、r 来确定和测量。

二、管道轴测图的内容

1. 图形

按照正等轴测投影的原理将管段及其附属的管件、阀门等绘制的图形。一般情况下，公称直径大于 $DN50$ 的中、低压碳钢管道和大于 $DN20$ 的中、低压不锈钢管道需绘制管道轴测图，但是对同一管道中有两种管径的，如阀门组等就应当随大管画出小管。

2. 标注

应标注管线号、与管道连接的设备位号、管口号、标高、尺寸等。

管道轴测图上应标注管道、管件、阀门等为安装及预制所需的全部尺寸，图中的单位除标高用 m 为单位，其余的尺寸全部用 mm 为单位。标注的尺寸由尺寸线与尺寸界线组成，尺寸线与相应的管道平行，尺寸界线为垂线，通常从管件中心线或法兰面引出，长度写在尺寸线的上边。

对于偏置管的尺寸标注，对于非 45° 的偏置管，要标出两个偏移尺寸，省略角度;对于 45°的偏置管,要标出角度和一个偏移尺寸;对于立体的偏置管,要画出三个坐标轴的六面体,并标出尺寸。

穿越墙、平台、屋顶、楼板的管道,应注出平台、屋顶、楼板的标高,对于墙要注出墙与管子的尺寸关系。

在管道的上方需标注管道编号、管径;水平管道的标高"*EL*"注在管道的下方;不需标注管道编号和管径时,标高可标注在管道的上方也可标注在管道的下方。

与管道相连的设备或另一条管线,需标明设备位号或管道编号。有时也标注管口端面与设备中心的距离,管口中心线的标高和其他管段所在图号。

3. 方向标

坐标轴中东、南、西、北、上、下分别用英文字母 E、S、W、N、UP、DN 表示。一般采用左上方为北方,也可以采用右上方为北方。

4. 技术要求

预制管道的焊接、试压等需要注意的特殊要求。

5. 材料表

要在轴测图上写明该管段所用的所有材料的数量、规格、执行标准等。

6. 标题栏、比例

标题栏应注明图名、图号等。整体不一定按照比例绘制,但是阀组、管件之间的比例要协调,它们在管段表中的相对位置要协调。

三、正等轴测图画法

1. 正等轴测投影

由物体的正投影绘制轴测图,是根据坐标对应关系作图,即利用物体上的点、线、面等几何元素在空间坐标系中的位置,用沿轴向测定的方法,确定其在轴测坐标系中的位置从而得到相应的轴测图。

如图 5-41(a)所示,以立方体轴测投影为例,让投射线方向来穿过立方体的对顶角,且垂直轴测投影面。把立方体 X、Y、Z 轴放在同一投影面上的倾角都相等,所得的轴测投影图称正等测图。其特点是立方体三条坐标轴与轴测投影面的倾角相等,而且立方体上的三个互相垂直的平面与轴测投影面的倾角也相等。根据推导，此时它们的轴间角∠XOY、∠YOZ、∠ZOX 均等于 120°。轴测轴 OX 和 OY 与水平线的夹角∠XON、∠YOM 叫做轴倾角。在正等测中，轴倾角均为 30°。三个轴的轴向缩短率也相等，都是 0.82。为了作图方便起见，轴向缩短率都取 1，故称简化缩短率，如图 5-42 所示。

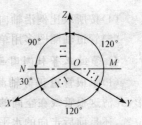

图 5-42　正等轴测轴表示

因此，在作图时，沿轴向的尺寸都可按实长去取，但画出来的图形比实际的轴测投影要大些，各轴向长度的放大比例都是 1.22：1。

2. 正等轴测图作图方法与步骤

(1)对所画物体进行形体分析，搞清原体的形体特征，选择适当的轴测图。

(2)在原投影图上确定坐标轴和原点。

(3)空间两直线互相平行，画在正等测图上也应平行。物体上的直线，画在正等测图上仍为直线；若平行于某一坐标轴时，画它的正等测图时，也应平行于与它对应的轴测轴。轴测轴 OZ 应画成垂直位置，OX 轴与 OY 轴可以换位，应画成相互之间的交角均为 120°，轴测图的方向可以取相反的方向，画时轴测轴可向相反方向任意延长。

(4)凡不平行于轴测轴方向的直线可以添加平行于坐标轴辅助线的方法，找出它与坐标轴的关系，然后再把需要连接的端点连成线段。凡不平行于轴测投影面的圆，其轴测投影画成椭圆。

(5)轴测图中一般只画出可见部分，必要时才画出不可见部分。

3. 管道正等轴测图画法

画管道正等轴测图，除按上述画法规定外，还有它的特殊性。

(1)定好管线的走向，这可通过平面图、立面图仔细分析而得。

(2)正确选择坐标轴即轴测轴，可以按前后走向的管线取 OX 轴方向，左右走向的管线取 OY 轴方向，高度走向的管线取 OZ 轴；或另一种是前后走向的管线取 OY 轴方向，左右走向的管线取 OX 轴方向，高度走向的管线取 OZ 轴方向。口诀为：左右东南斜，上下竖画竖；前后东北斜，向交一百二十度。

(3)画图时，先画轴测轴，作为坐标系的轴测投影，然后再逐步画出：

（4）按所取比例沿轴向按实长量取各轴向上的管线尺寸。

（5）管道轴测图多用单线条表示。

4. 管道正等轴测图画法示例

（1）单根管道正等轴测图。画单根管道正等轴测图时，首先分析图形，弄清这根管线在空间的实际走向和具体位置，究竟是左右走向的水平位置，还是前后走向的水平位置，或是上下走向的垂直位置，然后确定它在轴测图中同各轴之间的关系。

【例 5-8】 某一管道视图如图 5-43 所示，求该管道的正等轴轴测图。

分析： 如图所示，上为立面图，下为平面图。画正等测图时，选定轴测轴，因该管线为前后走向，故其投影在 OX 轴或 OY 轴上，取管线前端点的投影在轴上的 O 点处，在 OX 轴上量取视图上的管道长，即为该管道的正等轴测图，如图 5-43（b）所示。

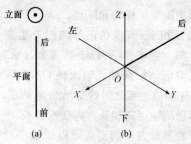

图 5-43　单根前后走向的管道正等轴测图画法

【例 5-9】 某一管道视图如图 5-44（a）所示，求该管道的正等轴测图。

分析： 图 5-44（a）中管道是左右走向，则可在表示左右走向的 OY 轴或 OX 轴表示它的长度，如图 5-44（b）所示。

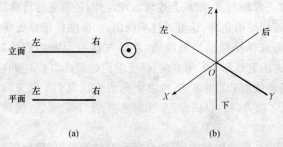

图 5-44　单根左右走向的管道正等轴测图画法

【例 5-10】　管道如图 5-45(a)所示,求该管道的正等轴测图。

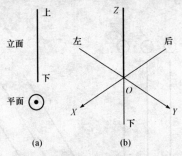

图 5-45　单根上下走向的管道
正等轴测图画法

分析:此管道显然是上下走向,则可在表示上下走向的 OZ 轴表示它的长度,如图 5-45(b)所示。

(2)多根管道正等轴测图。

【例 5-11】　求图 5-46(a)所示三根管道的正等轴测图。

分析:图 5-46(a)显然是左右走向,则可把它们表示在与 OY 轴平行的方向上。把第一根管道画在 OY 轴上,让第二第三根管道平行于 OY 轴。图中 2 号管道与 1 号管道、2 号管道和 3 号管道间距,显然在表示前后走向的 OX 轴上量取,如图 5-46(b)所示。

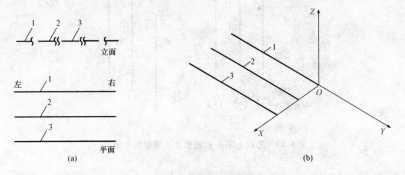

图 5-46　三根左右走向的管道正等轴测图画法

【例 5-12】　某三根管道,如图 5-47(a)所示,求正等轴测图。

分析:从图中看出,显然它是前后走向,则可把它们表示在与 OX 轴平行的方向上,同上可画出它们在前后走向的正等轴测图,如图 5-47(b)所示。

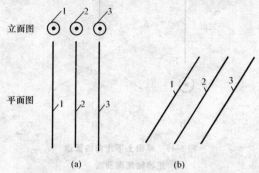

图 5-47　三根前后走向的管道正等轴测图画法

【例 5-13】　某三根管道如图 5-48(a)所示,求三根管道的正等轴测图。

分析:从图 5-48(a)中可看出是上下走向的,则可把它们表示在与 OZ 轴平行的方向上,同上方法可画出它们在上下走向的正等轴测图,如图 5-48(b)所示。

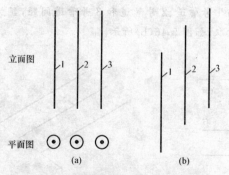

图 5-48　三根上下走向的管道正等轴测图画法

【例 5-14】　某五根管道如图 5-49(a)所示,求五根管道的正等轴测图。

分析:通过对平、立面图的分析得知:1、2、3 号管线是左右走向的水平管道,4、5 号管道走向是前后走向,而且这五根管道的标高相同,因此确定前后走向的管道是OX轴,左右走向的管道是OY轴,同理可画出这五根管道的正等轴测图,如图5-49(b)所示。

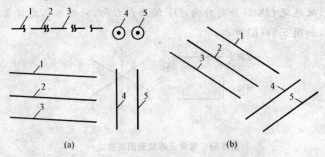

(a)　　　　　　　　　　　(b)

图5-49　多根管道不同走向的正等轴测图画法

(3)交叉管道的正等测图。

【例5-15】　求图5-50(a)的两根交叉管道的正等测图。

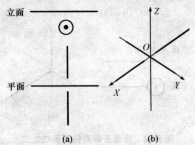

(a)　　　　　(b)

图5-50　两根交叉管道正等轴测图画法

分析:通过对平面图、立面图的分析得知,其中一根是左右走向的水平管道,另一根是前后走向的水平管道,由于两根管道标高不同,所以在平面图上这两根管道所呈现的投影是交叉投影,其交叉角为90°。按以前所讲方法,取其前后走向的管线与OX轴一致,取左右走向的管道与OY轴一致,取其投影交点为两轴测轴交点O,分四小段分别量取在平、立面图上的实长。

在正等轴测图中,标高高的或前面的管道应画完整,而标高低的或后面的管道应用断开线的形式加以表示,如图5-50(b)所示。

(4)弯管正等轴测图。

【例5-16】 求图5-51(a)弯管的正等轴测图。

分析:对视图分析,得知管道为水平放置,有前后水平走向和左右水平走向,故选定OX轴为前后向,OY轴为左右向,同理可画出弯管的正等轴测图,如图5-51(b)所示。

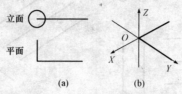

图 5-51　弯管正等轴测图画法之一

【例5-17】 求图5-52(a)的弯管正等轴测图。

分析:通过对视图的分析,这只弯头的一部分是垂直部分,断口朝上,另一部分是水平部分,左右走向,同理可画出它的正等轴测图,如图5-52(b)所示。

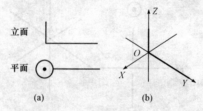

图 5-52　弯管正等测轴图画法之二

在画弯管正等测图时,可以把管道变向点选定轴测轴的交点上。

(5)三通正等轴测图。

【例5-18】 求图5-53(a)所示的三通视图。

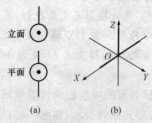

图 5-53　三通的正等轴测图画法

分析：由视图得知，这只正三通有上下走向和前后走向两部分，并90°连接。选 OX 轴为前后向，OZ 轴为上下向，沿轴量尺寸时要考虑整个三通的走向，此走向应根据该三通在空间的实际走向和具体位置来确定。同理，可画出三通的正等轴测图，如图 5-53(b)所示。

(6)管道、阀门及设备连接正等轴测图。

【例 5-19】　求图 5-54 所示某管道、阀门及设备连接正等轴测图。

分析：通过对视图分析而得知，两热交换器前后放置，标高相同。两热交换器均有进出口，进口在下，出口在上，总进气管从右下边来，分别进入热交换器的下口，并在其上设有阀门，出气管从热交换器上面走，并在其上也设置了阀门。画正等轴测图时，依照上述方法，并把热交换器、阀门以示意性的图例画出，而画出它们的正等轴测图，如图 5-54(b)所示。

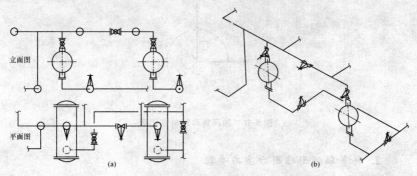

图 5-54　热交换器、管道、阀门正等轴测图画法

四、斜等轴测图画法

1. 斜等轴测投影

以正方体轴测投影为例，如图 5-55 所示，将正立面及其两个坐标轴放在平行于投影面的位置进行斜投影，这样得到的轴测图称为斜轴测图。若把 OZ 轴放在垂直位置，并把坐标面 XOZ 放成平行于轴测投影面的位置，这样使轴测轴 O_1X_1 为水平方向的轴，O_1Z_1 为垂直方向的轴，轴间角 $\angle X_1O_1Z_1 = 90°$，$\angle X_1O_1Y_1 = \angle Y_1O_1Z_1 = 135°$，$O_1X_1$、$O_1Y_1$ 和 O_1Z_1 三轴的轴向缩短率都是 1:1，空间物体上平行于坐标面 XOZ 的图形，在轴测图中反映实形，由此所得的斜轴测图为斜等轴测图。其各轴及轴间角的

分布如图 5-56 所示。

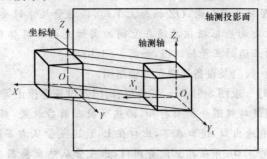

图 5-55　斜等轴测图

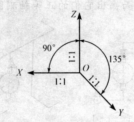

图 5-56　轴间角和轴向变化率

2. 斜等轴测图作图方法与步骤

(1)空间两直线互相平行,画在斜等轴测图上也应平行。

(2)空间物体上的直线,画在斜等轴测图上仍为直线,若平行于某一坐标轴,画它的斜等轴测图时,也应平行于它对应的轴测轴。

(3)轴测轴 OZ 应画成垂直位置,OY 轴可以放在与 OZ 轴成 135°的另一侧位置上,如图 5-57 所示。

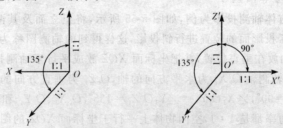

图 5-57　斜等轴测轴的选定

(4)轴测轴的方向可以取相反方向,画图时可以向相反方向任意延长。

(5)凡不平行于轴测轴方向的直线,可以添加平行于坐标轴辅助线的方法,找出它与坐标轴有关的点,然后再把需要连接的端点连成线段。

(6)画平行于坐标面 XOZ 圆的斜等轴测图时,只要找出圆心在轴测上的点后,按实形画圆即可。而当画平行于坐标面 XOY、YOZ 的圆的斜等轴测图时,其轴测投影图应为椭圆。

3. 管道斜等轴测图画法

画管道斜等轴测图时,原则上应根据上述方法,但在实际画图时,我们常把 OX 轴选定为左右走向的轴,OY 轴选定为前后走向的轴,OZ 轴为上下垂直走向的轴,如图 5-57 所示。这样在六个空间方位上,沿轴向的管道长度根据管道的平面图和立面图上每段的实际长度(并非经由数字标注的真正尺寸)用圆规或直尺直接量取即可。画斜等测图时应注意以下几点:

(1)根据视图确定管线的空间走向。

(2)选定好与走向对应的轴测轴,其轴测轴画法如下:

左右平面平,上下竖画竖;前后东北斜,斜度 45°。

左右是指东西走向的管道,原来是水平画的管道,在画斜等轴测图时仍画成水平,管道的走向、长短和角度都不变。上下竖画竖是指垂直画的上下立管,在画斜等轴测图时仍是垂直,管线长短仍与视图一样。前后是指南北走向的管线,它是唯一需要把 Y 轴画成东北方向斜的线,即所谓东北斜。线条斜度与水平线所成的夹角为 45°,即斜度四十五。

4. 管道斜等轴测图画法示例

(1)单根管道斜等轴测图画法。

【例 5-20】　某一管道如图 5-58(a)所示,求斜等轴测图画法。

分析:如图 5-58(a)所示,上为立面图,下为平面图。分析视图可知,该管道为前后走向,故其投影在 OY 轴上,从 O 点起到 OY 轴上用圆规或钢直尺在平面图上直接量取线段的实长,如图 5-58(b)所示。

【例 5-21】　求图 5-59(a)所示某一单根左右走向的管道斜等轴测图。

分析:如图 5-59(a)所示上为立面图,下为平面图,右为左视图。通过视图分析 OX 轴直接量取在平、立面图上的实长,如图可知该管道为左右水平走向,则从 O 点起,如图 5-59(b)所示。

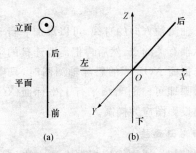

图 5-58　单根前后走向的管道斜等轴测图画法

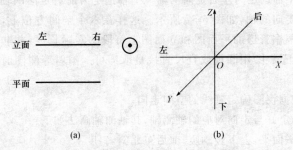

图 5-59　单根左右走向的管道斜等轴测图画法

【**例 5-22**】　求图 5-60(a)所示单根上下走向的管道斜等轴测图。

分析:从视图分析得知该管道为上下垂直走向,则从 O 点起在 OZ 轴上直接量取在立面图上的实长,如图 5-60(b)所示。

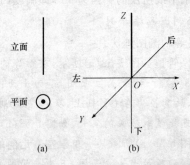

图 5-60　单根上下走向的管道斜等轴测图画法

（2）多根管道斜等轴测图画法。

【例5-23】　求图5-61(a)所示三根管道的斜等轴测图。

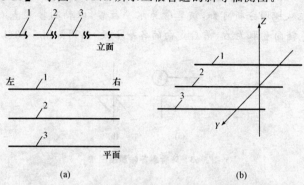

(a)　　　　　　　　　　(b)

图5-61　三根左右水平走向的管道斜等轴测图画法

分析：从平面图、立面图可知，三根管道为左右水平走向，标高相同，故其投影在OX轴方向上。以其中2号管道的实长在OZ轴上量取，1号、3号管道平行于它，其间距在平面图上量取，并在OY轴向上反映出来，其斜等轴测图如图5-61(b)所示。

（3）交叉管道斜等轴测图画法。

【例5-24】　求图5-62(a)所示交叉管道的斜等轴测图。

分析：从视图分析可知，其中一根为左右水平向，另一根为前后水平向；两者标高不一样。以视图交叉点分四小段，沿Y轴向量取前后向的两小段，沿X轴向量取左右走向的两小段，把在上能见到的管道画完整，把在下不能见到的管道部分用折断线断开表示，如图5-62(b)所示。

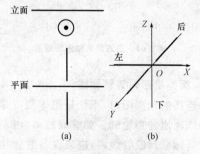

(a)　　　　　　　　　(b)

图5-62　交叉管道斜等轴测图画法

（4）弯管斜等轴测图画法。

【例 5-25】　求图 5-63（a）所示弯管的斜等轴测图。

分析：从视图分析可知，该弯管为水平放置，以轴测轴交点 O 分别在 X 轴向、Y 轴向量取左右、前后走向的各一小段，画图如图 5-63（b）所示。

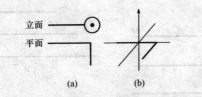

（a）　　　　　　　（b）

图 5-63　弯管斜等轴测图画法

其他位置摆法的弯头斜等轴测图画法请参照正等轴测图画法。

（5）三通斜等轴测图。

【例 5-26】　求图 5-64（a）所示三通的斜等轴测图画法。

分析：通过视图分析，主管的走向是前后向，支管走向是上下向。画斜等轴测图时，从轴测轴交点 O 起分别在 X、Y、Z 轴向量取三通在平面图、立面图上的左右、前后、上下走向的三个小段，如图 5-64（b）所示。

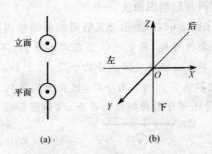

（a）　　　　　　　（b）

图 5-64　三通斜等轴测图画法

（6）管道、设备、阀连接图斜等轴测图。

画管道与设备连接的轴测图时，不论是正等测或是斜等测，一般情况下设备只要示意性地画出外形轮廓。如管线较多，可不画设备，仅画出设备的管接口即可。具体画每段管线时，应以设备的管接口为起点，把每一小段管线逐段依次朝外画出，然后再连接成整体。如图 5-65 所示，根据热交换器配管平面图、立面图绘出轴测图。

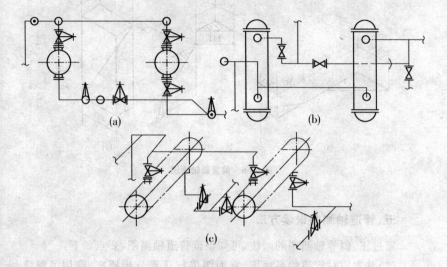

图 5-65 热交换器配管图
(a)立面图;(b)平面图;(c)轴测图

5. 偏置管画法

以上所讲的仅限于正方位(前、后、左、右、上、下)走向的管线,对于非正方位走向的偏置管,例如管子转弯不是 90°三通而是斜三通等情况,就不能用原来的方法表示。对偏置管来说,不论是垂直的还是水平的,对于非 45°角的偏置管都要标出两个偏移尺寸,而角度一般可省略不标。在图 5-66 中,管线右侧所标的偏移尺寸 u 为 200mm 及 100mm,而具体角度则没有标出;对于 45°角的偏直管,只要标出角度(45°)和一个偏移尺寸(180mm)即可。根据偏移尺寸,即可画出偏直管的轴测管,如图 5-66(a)所示。

偏置管的另一种表示方法是,在管子转弯或分支的地方作出管线正方位走向的平行线,并用数字注明转弯或分支的角度,突出表明这根管线的走向不是正方位的,如图 5-66(b)所示。

画出三个坐标轴组成的六面体后,再根据管线的实际走向,确定首尾两端点的坐标点,连接坐标点即为主体偏置管,如图 5-66(c)所示。

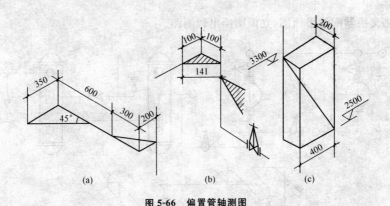

图 5-66　偏置管轴测图

五、管道轴测图识读方法

通过正、斜等轴测图的画法,可知识读管道轴测图,要点如下:

(1)首先应对管道的平面图、立面图进行认真分析研究,确切了解管线的走向、分支、拐弯及弯头角度,管道上所连接的设备、阀门、仪表等的位置及有关尺寸。

(2)分析轴测轴的选择,确定管道轴测图是正等测图,还是斜等测图之后,根据等测图特点,对照视图,沿管中流体介质的流向,看设备在视图和轴测图上的位置与管道在轴测图的连接情况。

第六章 供暖施工图识读

第一节 概　　述

一、供暖系统的组成与分类

(一)供暖系统的组成

为了使室内保持所需要的温度,就必须向室内供给相应的热量,这种向室内供给热量的工程设备,叫做供暖系统。任何形式的供暖系统都主要由热源、供热管道系统和散热设备三个部分组成。

(1)热源。热源即区域锅炉房或热电厂等,作为热能的发生器。此外,还可以利用工业余热、太阳能、地热、核能等作为供暖系统的热源。

(2)供热管道系统。将热源提供的热量通过热媒输送到热用户,散热冷却后又返回热源的闭式循环网络。热源到热用户散热设备之间的连接管道称为供热管,经散热设备散热后返回热源的管道称为回水管。

(3)散热设备。散热设备是指供暖房间的各式散热器。

(二)供暖系统的分类

供暖系统因热源、输送热能的方式、散热器的安装形式不同,而形成不同的供暖系统。

1. 按热媒分类

按热媒分类,可分为热水供暖系统、蒸汽供暖系统和热风供暖系统三类。

(1)热水供暖系统是以热水为热媒的供暖系统。按热水温度的不同分为低温热水供暖系统和高温热水供暖系统,供水温度 95℃,回水温度 70℃的为低温热水供暖系统;供水温度高于 100℃的为高温热水供暖系统。按系统的循环动力不同,又分为自然循环供暖系统和机械循环供暖系统。

(2)蒸汽供暖系统是以蒸汽为热媒的供暖系统。按热媒蒸汽压力的不同又分为低压蒸汽供暖系统和高压蒸汽供暖系统,蒸汽压力高于70kPa为高压蒸汽供暖系统,蒸汽压力低于70kPa为低压蒸汽供暖系统,蒸汽压力小于大气压的为真空蒸汽供暖系统。

(3)热风供暖系统是以空气为热媒的供暖系统。又分为集中送风系统和暖风机系统。

2. 按供暖区域划分

按供暖区域划分,可分为局部供暖系统、集中供暖系统和区域供暖系统三类。

(1)局部供暖系统。热源、管道、散热设备连成一整体在同一空间内称局部供暖系统。如火炉供暖、煤气供暖、电热供暖等,如图 6-1 和图 6-2 所示。

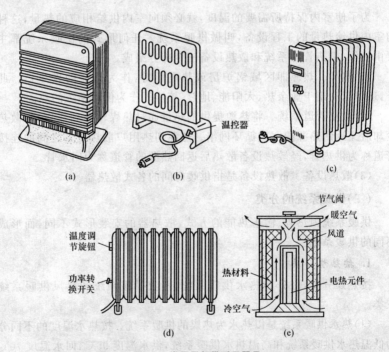

图 6-1　常见局部供暖用器具

(a)暖风机;(b)板式电热器;(c)充油电暖器;

(d)腔体式电暖器;(e)储热式电暖器

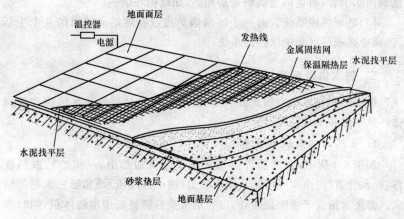

图 6-2　电气地热供暖示意图

（2）集中供暖系统。热源远离供暖房间,利用一个热源产生的热量去弥补很多房间散出去的热量,称为集中供暖系统,如图 6-3 所示。

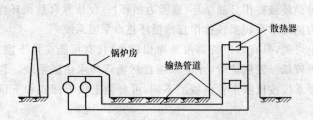

图 6-3　集中供暖系统示意图

目前,集中供暖系统一般都是以供暖锅炉、天然温泉水源、热电厂余热供汽站、太阳能集热器等作为热源,分别以热水、蒸汽、热空气作为热媒,通过供热管网将热水、蒸汽、热空气等热能从热源输送到各种散热设备;散热器再以对流或辐射方式将热量传递到室内空气中,用以提高室内温度;以此形成热水供暖、蒸汽供暖和热风供暖三种供热方式。

锅炉热水供暖系统是目前住宅建筑广泛采用的一种供热方式。它是由锅炉将水加热至 90℃ 左右以后,热水通过室外供热管网输送到建筑室内,再经由供热干管、立管、支管送至各散热器内,散热后已冷却的凉水回流到回水干管,再返回至锅炉重新加热,如此循环供热。

(3)区域供暖系统。由一个区域锅炉房或换热站向城镇的某个生活区、商业区或厂区集中供热的系统。

二、热水供暖系统

根据热能在系统中输送方式分类,可分为自然循环热水供暖和机械循环热水供暖形式两种。

1. 自然循环热水供暖系统

如图 6-4 所示,自然循环热水采暖系统由加热中心(锅炉)、散热设备、供水管道(图中实线所示)、回水管道(图中虚线所示)和膨胀水箱等组成。膨胀水箱设于系统最高处,以容纳水受热膨胀而增加的体积,同时兼有排气作用。系统充满水后,水在加热设备中逐渐被加热,水温升高而容量变小,同时受自散热设备回来密度较大的回水驱动,热水在供水干管上升流入散热设备,在散热设备中热水放出热量,温度降低水容重增加,沿回水管流回加热设备,再次被加热。水被连续不断地加热、散热、流动循环。这种循环被称作自然循环(或重力循环)。仅依靠自然循环作用压力作为动力的热水采暖系统称作自然循环热水采暖系统。

由上可见,只有当建筑物占地面积较小,且有可能在地下室、半地下室或就近较低设置锅炉时,才能采用自然循环热水供暖系统。自然循环热水供暖系统按供水干管位置的不同,可分为上供下回式和下供下回式系统。

(1)自然循环上供下回双管式热水供暖系统。如图 6-5 所示,水由锅炉 H 加热后,沿供热总立管上升,再经水平干管,送至各供热立管,然后经散热器供水支管进入散热器内。热水在散热器内放出热量后,经散热器回水支管进入回水立管,然后沿回水干管进入锅炉再加热。

(2)自然循环下供下回双管式热水供暖系统。如图 6-6 所示,供、回水干管均敷设于底层散热器下面,锅炉内加热的水从底部干管分送至各立管及散热器内,水在散热器内放出热量后经回水立管流入底部回水干管,再沿回水干管返回锅炉。

自然循环热水供暖系统管路布置的常用形式,适用范围及系统特点简要汇总见表 6-1。

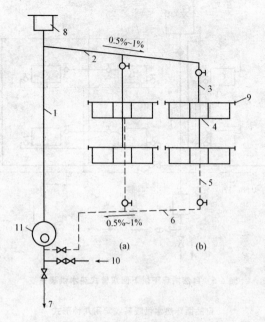

图 6-4　自然循环热水采暖系统

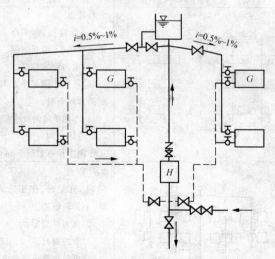

图 6-5　自然循环上供下回双管式热水供暖系统

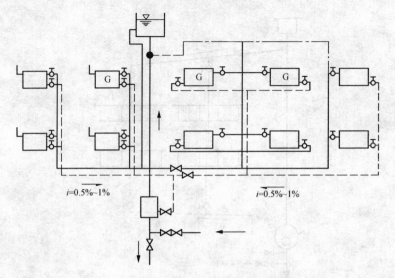

图 6-6 自然循环下供下回双管式热水供暖系统

表 6-1   自然循环热水供暖系统常用几种形式

形式名称	示意图	特点及适用范围
单管上供下回式		1. 特点 （1）升温慢、作用压力小、管径大、系统简单、不消耗电能。 （2）水力稳定性好。 （3）可缩小锅炉中心与散热器中心距离节约钢材。 （4）不能单独调节热水流量及室温。 2. 适用范围 作用半径不超过 50m 的多层建筑
单管跨越式		1. 特点 （1）升温慢、作用压力小、系统简单、不消耗电能。 （2）水力性稳定。 （3）节约钢材。 （4）可单独调节热水流量及室温。 2. 适用范围 作用半径不超过 50m 的多层建筑

(续)

形式名称	示意图	特点及适用范围
双管上供下回式	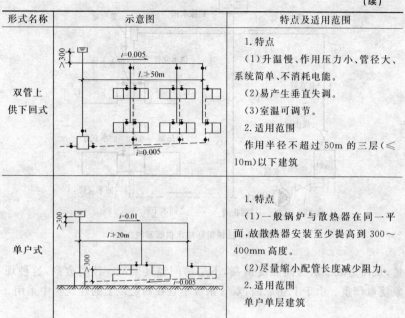	1.特点 (1)升温慢、作用压力小、管径大、系统简单、不消耗电能。 (2)易产生垂直失调。 (3)室温可调节。 2.适用范围 作用半径不超过 50m 的三层(≤10m)以下建筑
单户式		1.特点 (1)一般锅炉与散热器在同一平面,故散热器安装至少提高到 300～400mm 高度。 (2)尽量缩小配管长度减少阻力。 2.适用范围 单户单层建筑

2. 机械循环热水供暖系统

较大的热水供暖系统不可能采用循环效率较低的自然循环方式,必须依靠水泵才能使水进行强制性循环,加快热能交换与输送,这就是机械热水循环供暖系统。它由热源、输热管网、水泵、散热器、膨胀水箱以及集气罐等组成,图 6-7 所示为机械循环热水供暖系统简图。

在机械循环热水供暖系统中,为了顺利地排除系统中的空气,供水干管应按水流方向有向上的坡度,并在供水干管的最高点设备集气罐。

机械循环热水供暖系统,按供水干管位置的不同,可分为上供下回式和下供下回式系统;按立管与散热器连接形式的不同,可分为双管式及单管式系统。对于单管式系统而言,又可分垂直单管式与水平单管式系统。

(1)机械循环上供下回式热水供暖系统。这种系统管道布置比较合理,是最常用的一种布置形式。如图 6-8 所示,水在系统内循环,除主要依靠水泵所产生的压头外,同时也存在着自然压头,它使流过上层散热器的热水量多于实际需要量,并使流过下层散热器的热水量少于实际需要

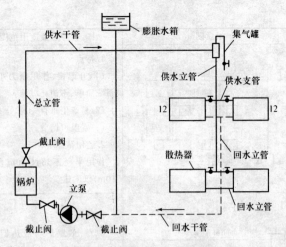

图 6-7　机械循环热水供暖系统

量,从而造成上层房间温度偏高,下层房间温度偏低。楼层愈高,这种现象就愈严重。由于上述原因,双管系统不宜在四层以上的建筑物中采用。

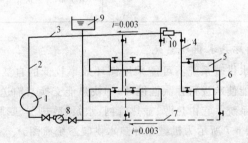

图 6-8　机械循环双管上供下回式热水供暖系统

1—锅炉;2—总立管;3—供水干管;4—供水立管;5—散热器;
6—回水立管;7—回水干管;8—水泵;9—膨胀水箱;10—集气罐

(2)机械循环下供下回式热水供暖系统。在设有地下室的建筑物中,或在平屋顶建筑顶棚下难以布置供水干管的场合,常采用这种布置形式。图 6-9 为机械循环双管下供下回式热水供暖系统示意图。在这种系统中,供水干管及回水干管均位于系统下部。为了排除系统中的空气,在系统的上部装设了空气管,通过集气罐将空气排除。

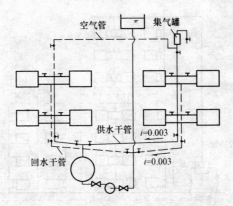

图 6-9 机械循环双管下供下回式热水供暖系统

3. 高层建筑物的热水采暖系统

高层建筑物由于层数多,高度高,上层建筑风速大,下层建筑冷风渗透量较大,建筑物热负荷的确定应考虑这些因素。同时,由于高层建筑供暖系统随着高度增加水的静压力增大,与室外管网连接时,应考虑到室外管网的压力状况及其相互影响。除此以外,还应考虑系统中散热器的承压能力,防止散热器因承受过大的静水压力而破裂。

目前,高层建筑热水采暖系统的形式有按层分区垂直式热水采暖系统、水平双线单管热水采暖系统及单、双管混合系统。

(1)按层分区单管垂直式热水采暖系统。这种系统是在垂直方向分成两个或两个以上的热水采暖系统。每个系统都设置膨胀水箱及排气装置,自成独立系统,互不影响。下层采暖系统通常与室外管直接连接,其他层系统与外网隔绝式连接。通常,采用热交换器使上层系统与室外管网隔绝,尤其是高层建筑采用的散热器承压能力较低时,这种隔绝方式应用较多。利用热交换器使上层采暖系统与室外管网隔绝的采暖系统如图6-10所示。

当室外热力管网的压力低于高层建筑静水压力时,上层采暖系统可单独增设加压水泵,把水输送到高层采暖系统中去,如图6-11所示。

在设置加压泵时,需注意选用散热器的承压能力应大于高层建筑整个采暖系统所产生的静水压力。

(2)水平双线单管热水采暖系统。水平双线单管热水采暖系统形式

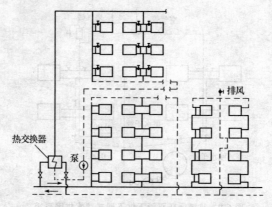

图 6-10　按层分区单管垂直式热水采暖系统

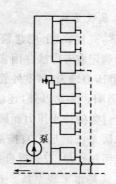

图 6-11　采用加压水泵的连接方式

如图 6-12 所示。这种系统能够分层调节,也可以在每一个环路上设置节流孔板、调节阀来保证各环路中的热水流量。

(3)垂直双线单管采暖系统。垂直双线单管采暖系统是由 Ⅱ 形单管式立管组成,如图 6-13 所示,这种系统的散热器通常采用蛇形管式或辐射板式。

(4)单、双管混合系统。将高层建筑中的散热器沿垂直方向,每 2~3 层分为一组;在每一组内采用双管系统形式,而各组之间用单管连接;这就组成了单、双管混合式系统。单、双管混合热水采暖系统如图 6-14 所示。

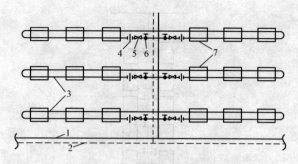

图 6-12　水平双线单管热水采暖系统

1—热水干管；2—回水干管；3—双线水平管；
4—节流孔板；5—调节阀；6—截止阀；7—散热器

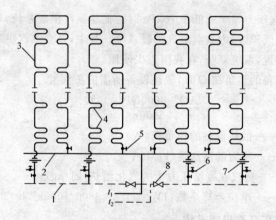

图 6-13　垂直双线单管供暖系统

1—回水干管；2—供水干管；3—双线立管；4—散热器或加热盘管；
5—截止阀；6—立管冲洗排水阀；7—节流孔板；8—调节阀

三、蒸汽供暖系统

　　蒸汽供暖系统中的热媒是蒸汽。水在锅炉中被回执成具有一定压力和温度的蒸汽，蒸汽靠自身压力作用通过管道进入散热器，管道在散热器内放热后，蒸汽变成凝结水，凝结水靠重力经过疏水器后沿凝结水管道返回凝结水箱内，再由水泵送入锅炉重新被回执变成蒸汽。按照供气压力的大小，将蒸汽供暖系统分为三类：供气压力高于 70kPa 时为高压蒸汽供

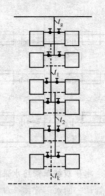

图 6-14　单、双管混合式采暖系统

暖系统;供气压力等于或低于 70kPa 时为低压蒸汽供暖系统;当系统中的压力低于大气压时,为真空蒸汽供暖系统。其中,真空蒸汽供暖因需要使用真空泵装置,系统复杂,在我国很少使用。

散热设备的热负荷 Q 时,散热设备所需的蒸汽量

$$G=\frac{AQ}{r}=\frac{3600Q}{3000r}=3.5\frac{Q}{r}\mathrm{kg/h}$$

式中　　　Q——散热设备的热负荷(W);

　　　　　G——所需的蒸汽量(kg/h);

　　　　　r——蒸汽在凝结压力下的汽化潜热(kJ/kg);

　　　　　A——单位换算系数:$1\mathrm{W}=1\mathrm{J/s}=3600/1000\mathrm{kJ/h}=3.6\mathrm{kJ/h}$

(一)低压蒸汽供暖系统

1. 重力回水低压蒸汽供暖系统

蒸汽供暖系统凝结水依靠自身重力流回锅炉房的系统称为重力回水系统。如图 6-15 所示,图 6-15(a)是上供式,图 6-15(b)是下供式。在系统运行前,锅炉充水至 1—1 平面。锅炉加热后产生的蒸汽在自身压力作用下克服流动阻力,沿供汽管道输送到散热器内,并将积聚在供汽管道和散热器内的空气驱入凝水管,最后经连接在凝水管末端的 C 点处将空气排出。蒸汽在散热器内冷凝放热,凝水靠重力作用沿凝水管路返回锅炉。

2. 机械回水低压蒸汽供暖系统

如果系统作用半径较大,供汽压力较高,凝结水不可能靠重力直接返

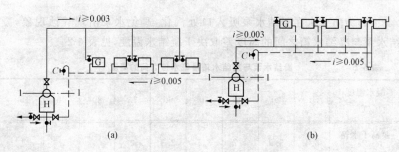

图 6-15 重力回水低压蒸汽供暖系统

回锅炉,可考虑采用机械回水系统。图 6-16 为机械回水的中供式低压蒸气供暖系统的示意图。机械回水系统不同于连续循环重力回水系统,它是一个开式系统。凝水不直接返回锅炉,而首先进入凝水箱,然后再用凝水泵将水送回锅炉重新加热。在低压蒸汽供暖系统中,凝水箱布置应低于所有散热器和凝水管。进凝水箱的凝水干管应做顺流向下的坡度,以便从散热器流出的凝水靠重力自流入水箱。

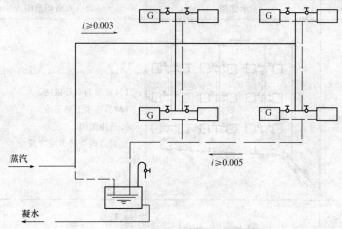

图 6-16 机械回水的中供式低压蒸气供暖系统

系统布置时应注意以下两点:

(1)为防止水泵停止运行时,锅炉中的水倒流入凝结水箱,应在凝结水泵的出水管上安装止回阀。

（2）为防止水在凝结水泵吸入口处汽化，避免水泵出现气蚀现象，凝结水泵与凝结水箱之间的高度差取决于凝结水温度，见表6-2。

表6-2 凝结水泵与凝结水箱最低水位之间的高度

凝水温度 /℃	0	20	40	50	60	75	80	90	100
泵高于水箱 /m	6.4	5.9	4.7	3.7	2.3	0			
泵低于水箱 /m							2	3	6

注：1. 当泵高于水箱时，表中数字为最大吸水高度。

2. 当泵低于水箱时，表中数字为最小正水头。

低压蒸汽供暖系统常用的几种形式见表6-3。

表6-3 低压蒸汽供暖系统常用的几种形式

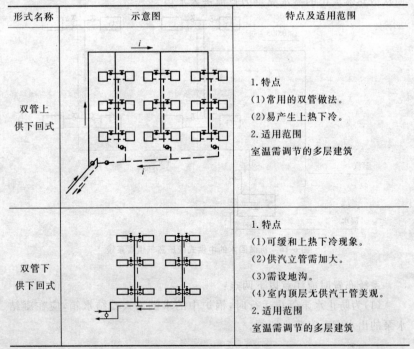

形式名称	示意图	特点及适用范围
双管上供下回式		1. 特点 (1) 常用的双管做法。 (2) 易产生上热下冷。 2. 适用范围 室温需调节的多层建筑
双管下供下回式		1. 特点 (1) 可缓和上热下冷现象。 (2) 供汽立管需加大。 (3) 需设地沟。 (4) 室内顶层无供汽干管美观。 2. 适用范围 室温需调节的多层建筑

（续）

形式名称	示意图	特点及适用范围
双管中供下回式	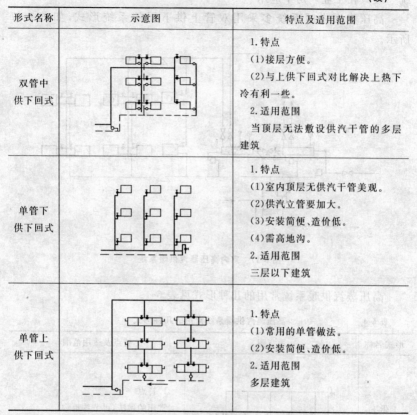	1.特点 (1)接层方便。 (2)与上供下回式对比解决上热下冷有利一些。 2.适用范围 当顶层无法敷设供汽干管的多层建筑
单管下供下回式		1.特点 (1)室内顶层无供汽干管美观。 (2)供汽立管要加大。 (3)安装简便、造价低。 (4)需高地沟。 2.适用范围 三层以下建筑
单管上供下回式		1.特点 (1)常用的单管做法。 (2)安装简便、造价低。 2.适用范围 多层建筑

注:1.蒸汽水平干管汽、水逆向流动时坡度应大于5‰,其他应大于3‰。

2.水平敷设的蒸汽干管每隔30～40m宜设抬管泄水装置。

3.回水为重力干式回水方式时,回水干管敷设高度,应高出锅炉供汽压力折算静水压力再加200～300mm安全高度,如系统作用半径较大时,则需采取机械回水。

(二)高压蒸汽供暖系统

高压蒸汽供暖与低压蒸汽供暖相比,供汽压力高,热媒流速大,系统的作用半径也较大。相同热负荷时,系统所需管径和散热面积小,但由于蒸汽压力高,表面温度高,输送过程中无效损失较大,易烫伤人,卫生条件和安全条件较差,而且由于凝结水温度高,凝结水回流过程中易产生二次蒸汽,如果沿途凝结水回流不畅,会产生严重的水击现象。因此,这种系统一般只在工业厂房中应用。

高压蒸汽供暖系统多采用双管上供下回的系统形式,如图 6-17 所示。

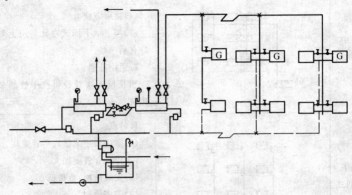

图 6-17 室内高压蒸汽供暖系统

高压蒸汽供暖系统常用的几种形式见表 6-4。

表 6-4 高压蒸汽供暖系统常用的几种形式

形式名称	示意图	特点及适用范围
上供下回式		1.特点 常用的做法,可节约地沟 2.适用范围 单层公用建筑或工业厂房
上供上回式		1.特点 (1)除节省地沟外检修方便。 (2)系统泄水不便。 2.适用范围 工业厂房暖风机供暖系统

（续）

形式名称	示意图	特点及适用范围
水平串联式	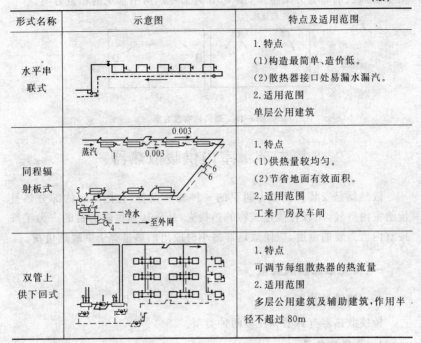	1.特点 (1)构造最简单、造价低。 (2)散热器接口处易漏水漏汽。 2.适用范围 单层公用建筑
同程辐射板式		1.特点 (1)供热量较均匀。 (2)节省地面有效面积。 2.适用范围 工来厂房及车间
双管上供下回式		1.特点 可调节每组散热器的热流量 2.适用范围 多层公用建筑及辅助建筑,作用半径不超过80m

四、热风供暖系统

热风供暖系统系以空气作为热媒,热风供暖,首先将空气加热,然后将高于室温的空气送入室内,热空气在室内降低温度,放出热量,从而达到供暖的目的。与蒸汽或热水供暖系统相比,热风供暖系统热惰性小能迅速提高室温,但噪声比较大。

可以用蒸汽、热水或烟气来加热空气。利用蒸汽或热水通过金属壁传热而将空气加热的设备称为空气加热器;利用烟气来加热空气的设备称为热风炉。

在既需通风换气又需供暖的建筑物内,常常用一个送出较高温度空气的通风系统来完成这两项任务。

在产生有害物质很少的工业厂房中,广泛地应用暖风机进行供暖。暖风机是由通风机、电动机以及空气加热器组合而成的供暖机组。暖风机直接装在厂房内。暖风机送风口的高度一般在 2.2~3.5m。在工业厂房中暖风机的布置方案很多,图 6-18 为工业厂房中常见的布置方案。

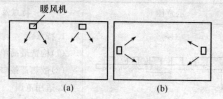

图 6-18　暖风机布置方案

第二节　室内供暖散热器

散热器是安装在供暖房间里的一种放热设备,它把热媒的部分热量传给室内空气,用以补偿建筑物的热损失,从而达到供暖的目的。为了维持室内所需要的温度,应使散热器每小时放出的热量等于供暖热负荷。

一、常见散热器的类型

(一)铸铁散热器

铸铁散热器有翼型和柱型两种类型。

1. 翼型散热器

翼型散热器又分圆翼型和长翼型两类。圆翼型散热器,如图 6-19 所示。按管子的内径规格有 $D50$(内径 50mm,肋片 27 片)、$D75$(内径 75mm,肋片 47 片)两种,管长为 1m,两端有法兰可以串联相接。圆翼型散热器常用于美观要求不高或无灰尘的公共建筑和工业厂房中。

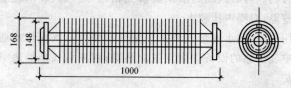

图 6-19　圆翼型散热器

图 6-20 为长翼型散热器,长翼型散热器高度为 60cm,竖向肋片的数目有 10 片、14 片两种规格,可以按实际需要互相拼装组合。长翼型散热器多用于民用建筑中。

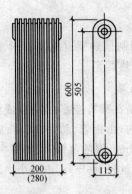

图 6-20 长翼型散热器

2. 柱型散热器

图 6-21 为柱型散热器,这种散热器有四柱和二柱两种类型。

柱型散热器与翼型散热器相比,具有传热性能好、外形美观、表面光滑、易于清洗等优点,在居住等民用建筑和公共建筑中应用广泛。但是制造工艺较为复杂,造价较高。

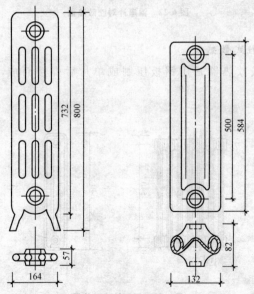

图 6-21 铸铁柱型散热器

(a)四柱;(b)二柱

(二)钢制散热器

目前,我国生产的钢制散热器有钢串片对流散热器、钢制柱式散热器、板式散热器和扁管散热器等。

1. 钢串片对流散热器

钢串片对流散热器是在联箱连通的两根(或两根以上)钢管上串上许多长方形薄钢片而制成的,由钢管、肋片、联箱、放气阀和管接头组成,散热器上的钢串片均为 0.5mm 厚的薄钢片,如图 6-22 所示。钢串片对流散热器的优点是体积小、重量轻、承压高、占地小。其缺点是阻力大,不易清除灰尘。

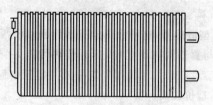

图 6-22　钢串片对流散热器

2. 钢制柱式散热器

钢制柱式散热器是用钢板压制成单片后焊接而成,构造形式如图 6-23 所示。

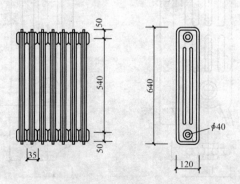

图 6-23　钢制柱式散热器

3. 钢制板式散热器

钢制板式散热器是由面板、背板、对流片和水管接头及支架等部件组成，如图 6-24 所示。

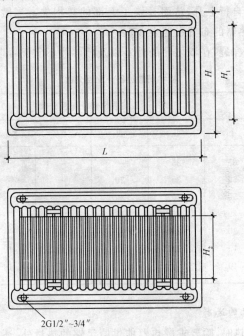

2G1/2″~3/4″

图 6-24　钢制板式散热器

二、散热器布置与选择

1. 散热器的布置

散热器的布置原则是尽量使房间内温度分布均匀，同时也要考虑到缩短管路长度和房间布置协调、美观等方面的要求。

根据对流的原理，散热器布置在外墙窗口下最合理。经散热器加热的空气沿外窗上升，能阻止渗入的冷空气沿外窗下降，从而防止了冷空气直接进入室内工作地区。在某些民用建筑中，要求不高的房间，为了缩短系统管路的长度，散热器也可以沿内墙布置。

一般情况下，散热器在房间内都是敞露装置的，即明装。这样散热效果好，且易于清除灰尘和检修。当在建筑方面要求美观或由于热媒温度高,防止烫伤或碰伤时,就需要将散热器用格栅、挡板、罩等加以围挡,即暗装。

　　楼梯间或净空高的房间内散热器应尽量布置在下部。因为散热器所加热的空气能自行上升,从而补偿了上部的热损失。当散热器数量多的楼梯间,其散热器的布置参照表 6-5。

　　为了防止冻裂,在双层门的外室以及门斗中不宜设置散热器。

表 6-5　　　　　　　　　　楼梯间散热器分配百分数

楼房层数	各层散热器分配百分数					
	I	II	III	IV	V	VI
2	65	35	—	—	—	—
3	50	30	20	—	—	—
4	50	30	20	—	—	—
5	50	25	15	10	—	—
6	50	20	15	15	—	—
7	45	20	15	10	10	—
8	40	20	15	10	10	5

2. 散热器的选择

　　在选择散热时,除要求散热器能供给足够的热量外,还应综合考虑经济、卫生、运行安全可靠以及与建筑物相协调等问题。例如常用的铸铁散热器不能承受大于 0.4MPa 的工作压力;钢制散热器虽能承受较高的工作压力,但耐腐蚀能力却比铸铁散热器差等。

　　近年来,选用钢制散热器的民用建筑物在逐渐增多。

3. 散热器安装形式

　　散热器的安装形式有敞开式装置、上面加盖装置、壁龛内装置、外加围罩装置、外加网格罩装置、加挡板装置等。不同的安装方式,其散热效果也不相同,见表 6-6。

　　散热器与支管的连接方式有同侧上进下出、下进下出、异侧下进上出、同侧下进上出等。不同的支管连接方式,其散热效果也不相同,见表 6-7。

表 6-6　　　　　　　　　散热器安装方式的修正系数 β_2

装置示意图	说　明		系　数
	敞开装置		1.0
	上加盖板	$A=40mm$	1.05
		$A=80mm$	1.03
		$A=100mm$	1.02
	装在壁龛内	$A=40mm$	1.11
		$A=80mm$	1.07
		$A=100mm$	1.06
	外加围罩,在罩子顶部和罩子前面下端开孔	$A=150mm$	1.25
		$A=180mm$	1.19
		$A=220mm$	1.13
		$A=260mm$	1.12
	外加围罩,在罩子前面上下端开孔	$A=130mm$ 孔是敞开的	1.2
		$A=130mm$ 孔带有格网的	1.4
	外加网格罩,在罩子顶部开孔,宽度 C 不小于散热器宽度,罩子前面下端开孔	$A\geqslant100mm$	1.15

续表

装置示意图	说　　　明	系　　数
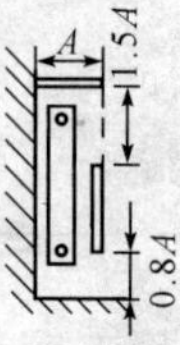	外加围罩,在罩子前面上下两端开孔	1.0
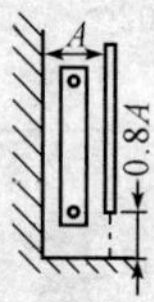	加挡板	0.9

表 6-7　　　　　　　散热器与支管连接方式不同修正系数 β_3

支管连接形式	图　　例	修正系数 β_3
同侧上进下出	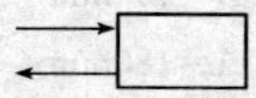	1.00～0.95
下进下出		0.90～0.85
异侧下进上出		0.85～0.75
同侧下进上出	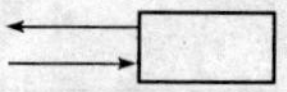	0.8～0.70

三、散热器安装

安装散热器前,应先在墙上画线,确定支、托架的位置,再进行支、托架的安装。常见散热器支、托架安装如图 6-25 及图 6-26 所示。

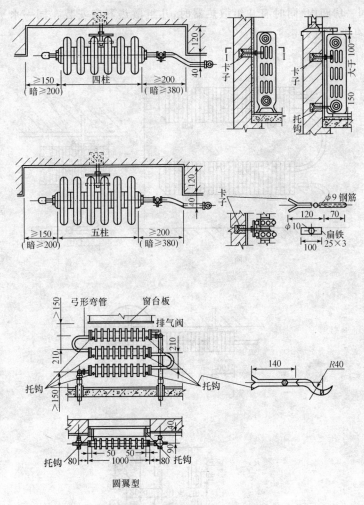

图 6-25 铸铁散热器支托架安装图

　　支、托架安装好后,将组对好的散热器放置于支、托架上。带足的散热器组,将它放于安装位置上,上好散热器的拉杆螺母,防止晃动和倾倒。当散热器放正找平后,用白铁皮或铅皮将散热器足下塞实、垫稳即可。

靠窗口安装的散热器,其垂直中心线应与窗口垂直中心线相重合。在同一房间内,同时有几组散热器时,几组散热器应安装在同一水平线上,高低一致。

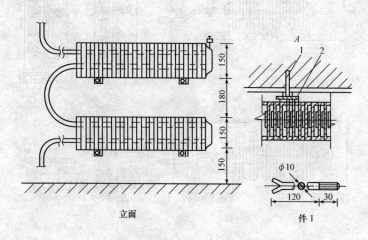

立面　　　　件 1

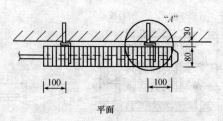

平面

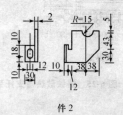

件 2

图 6-26　钢串片支托架安装图
1—支架;2—托钩

第三节 采暖系统施工图识读

一、采暖施工图的组成

采暖施工图由设计总说明、采暖平面图、系统图、详图和主要设备材料表组成,简单工程可不编制设备材料表。其基本内容包括:

1. 设计总说明

设计图纸上用图或符号表达不清楚的问题、又非要施工人员知道不可的内容,或用文字能更简单明了表达清楚的问题,用文字加以说明。主要内容有:建筑物的采暖面积;采暖系统的热源种类、热媒参数、系统总热负荷;系统形式,进出口压力差(即室内采暖所需压力);各房间设计温度;散热器形式及安装方式;管材种类及连接方式;所采用标准图号及名称;管道敷设方式以及防腐、保温的做法及要求;系统的试压要求以及有关图例等。

2. 采暖平面图

采暖平面图是用正投影原理,采用水平全剖的方法,连同房屋平面图一起画出,主要表示建筑物各层供暖管道和采暖设备在平面上的分布以及管道的走向、排列和各部分的尺寸。采暖平面图是施工图绘制的重要依据,又是绘制系统图的依据。

(1)标准层平面图。标准层平面指中间(相同)各层的平面布置图,标注散热设备的安装位置、规格、片数(或尺寸)及安装形式,立管的位置及数量等。

(2)顶层平面图。除表达与标准层相同的内容外,对于上供式系统要标注总立管、水平干管的位置、管径、坡度,干管上的阀门、管道的固定支架、伸缩器的位置,热水系统膨胀水箱、集气罐等设备的平面位置、规格及型号,以及选用的标准图号等。

(3)首层平面图。除与标准层平面相同的内容外,还应注明系统引入口的位置、编号、管径、坡度及套用标准图号等。下供式系统标明供水干管的位置、管径、坡度;上供式系统要注明回水干管(蒸汽系统为凝结水干管)的位置、管径和坡度。有地沟时,还应注明地沟及活动盖板的位置和尺寸。

3. 系统图

系统图是表示采暖系统空间布置情况和散热器连接形式的立体透视图,反映出采暖系统的组成及管线的空间走向和实际位置。系统图用单线绘制,与平面图比例相同。

系统图标注各管段的管径大小,水平管的标高、坡度,散热器及支管的连接情况,散热器的型号与数量,膨胀水箱、集气罐和阀件的型号、规格、安装位置及形式,节点详图的编号等,对照平面图可反映采暖系统的全貌。

4. 详图

某些设备的构造或管道间的连接情况在平面图和系统图上表达不清楚,也无法用文字说明时,可以将这些部位按比例放大,画出详图。

采暖详图包括标准图和非标准图。标准图主要有散热器的连接、膨胀水箱制作与安装、补偿器和疏水器的安装详图、集气罐的制作和安装等;非标准图的节点和作法要画出另外的详图。

5. 设备材料表

为了使施工准备的材料和设备符合图纸要求,并且便于备料,设计人员用表格的形式反映采暖工程所需的主要设备,各类管道、管件、阀门以及其他材料的名称、规格、型号和数量。

二、采暖施工图的表示方法

1. 图例

采暖施工图中管道、附件、设备常用图例的表示方法,见表 6-8。

表 6-8　　　　采暖施工图中管道、附件、设备常用图例的表示方法

序号	名　称	图　例	备　注
1	生活给水管	——— J ———	—
2	热水给水管	——— RJ ———	—
3	热水回水管	——— RH ———	—

（续）

序号	名　　称	图　　例	备　注
4	中水给水管	——— ZJ ———	—
5	循环冷却给水管	——— XJ ———	—
6	循环冷却回水管	——— XH ———	—
7	热媒给水管	——— RM ———	—
8	热媒回水管	——— RMH ———	—
9	蒸汽管	——— Z ———	—
10	凝结水管	——— N ———	—
11	管道伸缩器		—
12	方形伸缩器		—
13	刚性防水套管		—
14	柔性防水套管		—
15	波纹管		—
16	可曲挠橡胶接头	单球　　双球	—
17	管道固定支架		—

2. 管道转向、连接和交叉

管道转向、连接和交叉的表示方法,见表 6-9。

表 6-9　　　　　　　　管道转向、连接和交叉的表示方法

序号	立面图	平面图	系统图	说　明
1				本层支管接立管向下转弯
2				立管自上层来接支管
3				立管自上层来接支管
4				立管自上层来接支管后引往下层
5				立管自本层引向下层
6				立面图上的圆弧是干管,平面图上的圆弧是立管
7				立管和支管不相交(错开)

三、采暖施工图识读

1. 平面图识读

平面图是施工图中的重要图样，主要表示采暖管道、附件及散热器在建筑平面图上的位置以及它们之间的相互关系。

（1）查明热入口在建筑平面上的位置、管道直径、热媒来源、流向、参数及其做法。

（2）明确室内散热器的平面位置、规格、数量以及散热器的安装方式（明装、暗装或半暗装）。散热器一般布置在窗台下，以明装为多，如为暗装或半暗装一般都在图纸说明中注明。

（3）了解供热总干管和回水总干管的出入口位置，供热水平干管和回水水平干管的分布位置及走向。识读时需注意干管是敷设在最高层、中间层还是在底层。在底层平面图上还会出现回水干管或凝结水干管（虚线），识图时也要注意。此外，还应搞清干管上的阀门、固定支架、补偿器等的位置、规格及安装要求等。

（4）查看立管编号，弄清立管系统数量和位置。

（5）了解采暖系统中设备附件的位置与型号，对热水供暖系统，要查明膨胀水箱、集气罐等设备的位置、规格以及设备管道的连接情况。对蒸汽采暖系统，要查明疏水器的平面位置及其规格尺寸。

（6）查明采暖入口及入口地沟或架空情况。当采暖入口无节点详图时，采暖平面图中一般将入口装置的设备如控制阀门、减压阀、除污器、疏水器、压力表、温度计等表达清楚，并注明规格、热媒来源、流向等。若采暖入口装置采用标准图，则可按注明的标准图号查阅标准图。当有采暖入口详图时，可按图中所注详图编号查阅采暖入口详图。

（7）阅读设计施工说明，从中了解设备的型号和施工安装要求以及所采用的通用图等。

2. 系统图识读

采暖系统图通常用正面斜等轴测方法绘制，表明从供热总管入口直至回水总管出口的整个采暖系统的管道、散热设备及主要附件的空间位置和相互连接情况。

（1）查明热入口装置之间的关系，按热媒的流向确认采暖管道系统的形式及其连接情况,各管段的管径、坡度、坡向,水平管道和设备的标高以及立管编号等:一般情况下,系统图中各管段两端均注有管径,即变径管两侧要注明管径。采暖管道系统图完整表达了采暖系统的布置形式,清楚地表明了干管与立管以及立管、支管与散热器之间的连接方式。散热器支管有一定的坡度,其中,供水支管坡向散热器,回水支管则坡向回水立管。

(2)了解散热器的规格及数量。当采用柱型或翼型散热器时,要弄清散热器的规格与片数(以及带脚散热器的片数)。当为光管散热器时,要弄清其型号(A 型或 B 型)、管径、排数及长度;当采用其他采暖设备时,应弄清设备的结构形式、构造和标高(底部或顶部)。

(3)注意查清其他附件与设备在管道系统中的位置、规格及尺寸,凡系统图中已注明规格尺寸的,均须与平面图和标材料表等加以核对。

(4)查明采暖入口的设备、附件、仪表之间的关系,热煤来源、流向、坡向、标高、管径等。如有节点详图,则要查明详图编号,以便查阅。

3. 详图识读

采暖系统供热管、回水管与散热器之间的具体连接形式、详细尺寸、安装要求,以及设备和附件的制作、安装尺寸、接管情况等,一般都有标准图,通用的标准图有:膨胀水箱和凝结水箱的制作、配管与安装,分汽罐、分水器及集水器的构造、制作与安装,疏水管、减压阀及调压板的安装和组成形式,散热器的连接与安装,采暖系统立管、支干管的连接,管道支吊架的制作与安装,集气罐的制作与安装等。

采暖施工图一般只绘平面图、系统图中需要表明而通用标准图中所缺的局部节点详图。

第七章 通风与防火、排烟施工图识读

通风空调施工图是专业性图纸，包括很多设计计算的原理和参数选择内容，因此，通风空调的基本原理和基本理论知识是识图的理论基础，没有这些知识，纵使有很高的识图能力，也无法读懂通风空调施工图的内容。

第一节 建筑通风系统

一、通风系统的分类

通风是指利用室外空气来置换建筑物内的空气，以改变室内空气品质的过程。通风系统就是实施通风过程的所有设备和管道的统称。建筑通风包括排风和送风两个方面，从室内排出污浊的空气叫排风，向室内补充新鲜空气叫送风。通风系统可以分为自然通风和机械通风两种形式。为实现排风或送风，所采用的一系列设备、装置的总称为通风系统。

1. 按建筑内空气质量要求分

(1)一般通风。一般通风是指通过门窗孔口换气、穿堂风降温、利用电风扇提高空气的流速，而不对空气进行处理的通风。

(2)工业通风。工业通风是指采用风机、管道和空气净化设备向工业建筑内输送符合卫生标准和生产工艺需要的空气，同时排放被污染的空气并使之符合排放标准的通风。

(3)空气调节。空气调节是指采用风机、管道和空气净化设备在工农业生产、国防工程和科学研究等领域的一些场所及某些特殊功能的建筑和大型公共建筑中，根据它们的工艺特点和满足人体舒适的需要而进行的通风工程。

2. 按通风系统作用范围分

如果只对局部地点进行排风或送风，即局部通风，局部通风方法所需的风量小、设备少、经济适用、效果好。如果对整个车间进行排风或送风,则为全面通风,全面通风方法所需的风量大、设备复杂、造价高。当采用局部通风达不到技术要求时,应采用全面通风。

局部通风的作用范围仅限于车间的个别地点或局部区域,局部通风系统又分为局部进风和局部排风两大类。局部排风的作用,是将有害物质在产生地点就地排除,以防止其扩散;局部送风的作用,是将新鲜空气或经过处理的空气送到车间的局部地区,以改善局部区域的空气环境。它们都是利用局部气流,使局部工作地点不受有害物的污染,造成良好的空气环境。

全面通风是对整个房间或车间进行通风换气,用新鲜空气把原有空气中有害物质的浓度降低到规定的标准,或达到改变温、湿度的目的。

3. 按通风系统的工作动力分

按通风系统的工作动力不同,可分为自然通风和机械通风两种形式。

(1)自然通风。自然通风是借助于自然压力(风压或热压)促使空气流动。自然通风又可分为有组织和无组织两类。无组织的自然通风是通过门、窗缝隙及围护结构不严密处进行通风换气的方式,亦称为渗透通风。有组织的自然通风是指依靠风压和热压的作用,通过墙和屋面上专设的孔口、风道而进行通风换气的方式。

对于一般居民住宅与公共建筑要求换气量不大时,往往仅设自然通风,室内空气补充依靠渗透解决,风压作用下的自然通风,风压是由于空气流动所造成的,如图7-1所示。一些工业厂房,特别是产生大量余热的锻造、铸造、转炉、平炉等车间,利用自然通风进行通风换气非常经济,如图7-2所示。

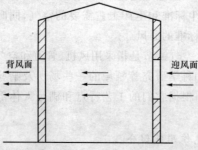

图7-1　风压作用下的自然通风

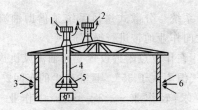

图 7-2 自然通风图

1—炉上风帽;2—屋顶风帽;3—室外空气;
4—排气管;5—排气罩;6—室外空气

全面通风具体实施方法又可分为全面排风法、全面送风法、全面排送风法和全面送、局部排风混合法等,可根据车间的实际情况采用不同的方法。

(2)机械通风。机械通风系统主要由风机、空气处理设备、管道及配件、风口四部分组成。

机械通风是依靠风机产生的压力强制空气进行流动,可分为局部机械送风、排风与全面机械送风、排风。

1)局部机械送风。仅向房间局部工作地点送风,造成局部地区良好的空气环境,如图 7-3 所示。送风的气流不得含有害物,气流应该从人体前侧上方倾斜地吹到头、颈和胸部,必要时可从上向下送风。局部送风主要用于局部降温,又分为系统式和分散式两种。

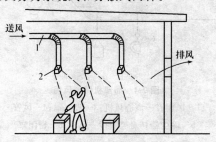

图 7-3 局部机械送风图

1—风道;2—送风口

①系统式送风系统。系统式送风系统是指通风系统将室外空气送至工作地点。分散式局部送风一般使用轴流风扇或喷雾风扇,采用室内再循环空气。

②分散式送风系统。分散式送风系统是借助轴流风扇或喷雾风扇，直接将室内空气吹向作业地带进行循环通风。

A. 风扇送风。在作业点附近设置变通轴流风机进行循环吹风，加快对流散热，适用于气温不大于 35℃，且非产尘的车间。

工作点风速要求：轻作业——2～4m/s；中作业——3～5m/s；重作业——5～7m/s。

B. 喷雾风扇送风。喷雾风扇是在通风机上装有喷雾装置的局部送风设备，即在普通轴流风机上加设甩水盘构成。

喷雾风扇送风具有降温作用，雾洒落在人体表面又能促进人体蒸发散热，悬浮在空气中的小雾滴还能吸收热辐射，减轻人体受热辐射的影响。但也会引起人造汗。其主要用于温度高于 35℃，辐射强度大于 1400W/m²，细小雾滴对生产工艺无影响的中、重作业点。

2) 局部机械排风。局部机械排风系统由局部排风罩、风管、空气净化设备、风机等主要设备组成，如图 7-4 所示。

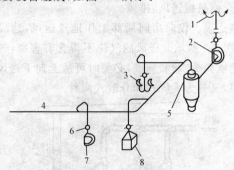

图 7-4　局部机械排风图

1—风帽；2—离心风机；3—吸气罩；4—风管
5—除尘器；6—蝶阀；7—风罩；8—密闭罩

①局部排风罩是一个重要部件，用来捕集有害物的气体，它的性能对局部排风系统的技术经济指标有直接影响。性能良好的局部排风罩，如密闭罩，只要较小的风量就可以获得良好的工作效果。由于生产设备和操作的不同，排风罩的形式是多种多样的。常用的有防尘密闭罩、通风柜、上部吸气罩、槽边排风罩等形式。

②风管。通风系统中输送气体的管道称为风管，它将系统中的各种

设备或部件连成了一个整体。

③除尘、净化设备。为了防止大气污染,当排出空气中有害物量超过排放标准时,必须用净化设备处理,使含尘气体中粉尘与空气分开,达到排放标准后排入大气。

④风机。风机向机械排风系统提供空气流动的动力。为了防止风机的磨损和腐蚀,通常把它放在净化设备的后面。

3)局部机械送排风。这是既有送风又有排风的局部通风装置,在局部地点形成一道"风幕",以防止有害气体进入室内。这样既不影响工艺操作,又比单纯排风更为有效,如图7-5所示。

4)全面机械送风。全面机械送风系统是利用风机把室外的新鲜空气(必要时经过过滤或加热)送入室内,在室内造成正压,将室内污浊的空气排出,达到全面通风的效果。此种方式多用于不希望邻室或室外空气渗入室内,又希望进入的空气是经过简单处理的情况。

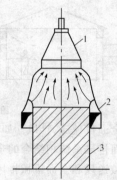

图 7-5　局部机械送、排风图
1—排气罩;2—送风口;3—有害物来源

送风口应设于室外空气较清洁的地点,设百叶窗以阻挡空气中的杂物,通常把过滤、加热设备、通风机集中设于一个专用房间内,称为通风室,空气经通风管内送风口送入室内,如图7-6所示。

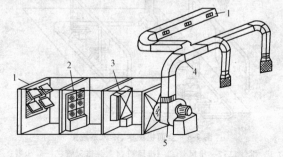

图 7-6　全面机械送风图
1—送风口;2—过滤器;3—加热器;4—风道;5—通风口

5)全面机械排风。为了使室内产生的有害物质尽可能不扩散到其他区域或邻室去,可以在有害物质比较集中的区域或房间采用全面机械排风,如图7-7所示。机械排风造成一定的负压,可防止有害物质向卫生条件好的区域或邻室扩散。

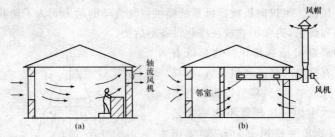

图 7-7　全面机械排风

6)全面机械送、排风。如图 7-8 所示,一个车间往往采取全面送风系统和全面排风系统相结合的全面通风系统。如某木工车间的通风系统由全面机械送风和全面机械排风系统组成。

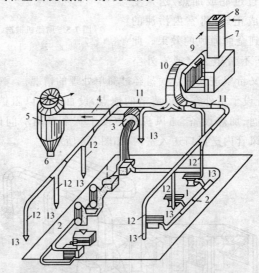

图 7-8　全面机械送、排风系统图

1—排气口;2—排风管;3—排风机;4—总排风管;5—除尘器;
6—集尘箱;7—送风井;8—百叶窗;9—送风室;10—送风机;
11—风道;12—支管;13—送风口

二、通风系统送风方式

表 7-1 为民用建筑的最小新风量的规定值。如果旅馆客房等的卫生间排风量大于按此表所确定的数值时,新风量应按排风量计算。而工艺性厂房应按补偿排风、保持室内正压与保证室内人员每人不小于 $30m^3/h$ 新风量的三项计算结果中的最大值来确定。

表 7-1 民用建筑最小新风量

建筑物类型	吸烟情况	新风量/[$m^3/(h \cdot 人)$]		备 注
		适当	最少	
一般办公室	无	25	20	
个人办公室	有一些	50	35	
会议室	无	35	30	
	有一些	60	40	
	严重	80	20	
百货公司、零售商店、影剧院	无	25	20	
会堂	有一些	25	20	
舞厅	有一些	33	20	
医院大病房	无	40	35	
医院小病房	无	60	50	
医院手术室	无	$37m^3/(m^2 \cdot h)$		
旅馆客房	有一些	50	30	
餐厅、宴会厅	有一些	30	20	
自助餐厅	有一些	25	20	
理发厅	大量	25	20	
体育馆	有一些	25	20	

1. 上送上回方式

上送上回方式是民用建筑空调中广泛采用的一种空调方式。由图 7-9可看出,其送风口通常采用散流器或条形风口,回风口则多采用百叶式风口或条形风口。

　　上送上回方式的一个优点是送、回风道均在吊顶上布置,基本上不占用建筑面积,与装修协调容易。在许多工程中,回风总管不与回风口相连而只是进入吊顶即可,这时相当于把吊顶上部空间视为一个大的回风通道。采用吊顶回风使管道布置简单,吊顶内的部分电气设备发热可由回风气流带走,相当于增大了空调机的送风温差,可适当减少机组的送风量,因而是一种节能的设计手段。

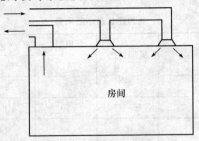

图 7-9　上送上回方式

2. 上送下回方式

　　上送下回方式在气流组织上,比上送上回方式更为合理,室内空气参数均匀,不存在送回风气流短路问题,也适用于房间净高较高的场所,如图 7-10 所示。但是,它要求回风管直接接到空调房间的下部,这将占用一定的建筑面积,有时这较为困难。因此,只有在布置合理及条件允许时,才采用此种方式。

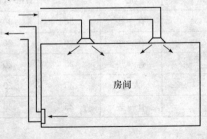

图 7-10　上送下回方式

3. 侧送方式

　　侧向送风是一种最常用的气流组织方式,它具有结构简单,布置方便和节省投资等优点,广泛应用于高层民用建筑空调的送风方式,一般采用贴附射流形式,工作区通常处于回流中。由图 7-11 可看出,常见的贴附射流形式有:①单侧上送、下回,或走廊回风;②单侧上送上回;③双侧外送上回风;④双侧内送下回或上回风;⑤中部双侧内送上下回或下回、上排风。

　　一般层高的小面积空调房间宜采用单侧送风。若房间长度较大,单侧送风射程不能满足要求时,可采用双侧送风。中部双侧送回风适用于高大厂房。

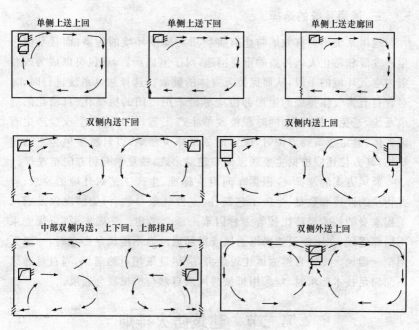

图 7-11　侧向送风方式气流组织

　　如图 7-12 所示,这种侧送方式通常都属于侧辐射,送风口采用条形或百叶风口。侧送风气流组织较好,人员基本处于回流区,因此舒适感好,但它要求一个房间内有两个不同高度的吊顶,或者通过走道与房间隔墙上的风口送入。

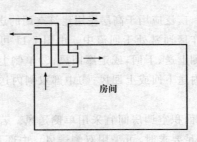

房间

图 7-12　侧送方式

三、通风系统的选择

通风系统不但有效地防止有害物质对周围环境的污染,而且是促进生产发展和防止大气污染的重要措施,对于室内而言,通风可以成为改善室内空气环境的手段,从而保持人身体的健康。选择通风系统进行时,如对含有有害气体排放的生产部位应尽量采用密闭的机械化、自动化的通风系统,避免直接操作,同时积极改革生产工艺,使其不产生或少产生有害气体;确定建筑物方位时,应考虑尽量减少西晒;以自然通风为主的建筑物,其方位还应根据主要送风面和建筑形式,按夏季有利方向布置等。

通风方案的选择,应根据车间卫生标准、生产工艺对环境的要求、有害物质的性质和数量、生产工艺条件、室外气象参数、污染情况以及通风工程本身的技术经济比较等多种因素来综合考虑。一般来说,应优先采用局部通风,在不能设置局部通风或局部通风尚不能满足要求时,一般采用全面通风。由于自然通风比较经济,应尽量采用自然通风,当自然通风不能满足技术要求时,应采用机械通风或自然与机械联合通风。

第二节　建筑防火排烟

一、火灾烟气的产生、成分和特性

1. 火灾烟气的产生

由燃烧或热解作用所产生的悬浮在气相中的固体和液体微粒称为烟或烟粒子,含有烟粒子的气体称为烟气。火灾过程中会产生大量的烟气,其成分非常复杂,主要由三种类型的物质组成:①气相燃烧产物;②未燃烧的气态可燃物;③未完全燃烧的液、固相分解物和冷凝物微小颗粒。火灾烟气中含有众多的有毒、有害成分、腐蚀性成分以及颗粒物等(表7-2),加之火灾环境高温缺氧,必然对生命财产和生态环境都造成很大的危害。

在发生完全燃烧的情况下,可燃物将转化为稳定的气相产物。但在火灾的扩散火焰中很难实现完全燃烧。因为燃烧反应物的混合烟气基本上由浮力诱导产生的湍流流动控制,其中存在着较大的组分浓度梯度。在氧浓度较低的区域,部分可燃挥发分将经历一系列的热解反应,从而导致多种组分的分子生成。

表7-2　　　　　各种有害气体的刺激性、腐蚀性及其许可浓度

分类	气体名称	长期允许浓度	火灾疏散条件浓度
单纯窒息性	缺 O_2	—	>14%
毒害性、单纯窒息性	CO_2	5000	3%
毒害性、化学窒息性	CO	50	2000
毒害性、化学窒息性	HCN	10	200
毒害性、化学窒息性	H_2S	10	1000
刺激性、腐蚀性	HCl	5	3000
刺激性	NH_3	50	
毒害性、刺激性	Cl_2	1	—
刺激性、腐蚀性	HF	3	100
毒害性、化学窒息性	$COCl_2$	0.1	25
刺激性、腐蚀性	NO_2	5	120
刺激性、腐蚀性	SO_2	5	500

2. 建筑火灾烟气的成分和特性

建筑火灾烟气是指发生火灾时物质在燃烧和热分解作用下生成的产物与剩余空气的混合物。在不完全燃烧下,烟气是悬浮的固体碳粒、液体碳粒和气体的混合物,其悬浮的固体碳粒和液体碳粒称为烟粒子,简称烟(表7-3)。在温度较低的初燃阶段主要是液态粒子,呈白色和灰白色;温度升高后,游离碳微粒产生,呈黑色。烟气的主要成分有 CO_2、CO、水蒸气及其他气体,如氰化氢(HCN)、氨(NH_3),氯(Cl)、氯化氢(HCl)、光气($COCl_2$)等。

烟气中 CO、HCN、NH$_3$ 等都是有毒性的气体。另外,大量的 CO$_2$ 气体以及燃烧消耗了空气中大量氧气,引起人体缺氧而窒息。空气中含氧量≤6%、CO$_2$ 浓度≥20%、CO 浓度≥1.3%时,都会在短时间内致人死亡。有些气体有剧毒,少量即可致死,如光气,空气中浓度≥50mL/m^3 时,在短时间内就能致人死亡。

表 7-3   常见可燃物燃烧时烟的特征

物质名称	烟的特征		
	颜色	嗅	味
木材	灰黑色	树脂嗅	稍有酸味
石油产品	黑色	石油嗅	同上
硝基化合物	棕黄色	刺激嗅	酸味
橡胶	同上	硫嗅	同上
棉和麻	黑褐色	烧纸嗅	稍有酸味
丝	—	烧毛皮嗅	碱味
聚氯乙烯纤维	黑色	盐酸嗅	同上
聚乙烯	—	石蜡嗅	稍有酸味
聚苯乙烯	浓黑色	煤气溴	同上
锦纶	白色	酰胺类嗅	
有机玻璃	—	芳香	稍有酸味
酚醛塑料(以木粉填)	黑色	木头、甲醛嗅	同上

3. 火灾烟气流动规律

建筑烟气在建筑物内不断流动传播,不仅导致火灾蔓延,也引起人员恐慌,影响疏散与扑救。引起烟气流动的因素有:扩散、烟囱效应、浮力、热膨胀、风力、通风空调系统等。

(1)烟囱效应引起的烟气流动。当建筑物内外有温度差时,在空气的密度差作用下引起垂直通道内(楼梯间、电梯间)的空气向上(或向下)流动,从而携带烟气向上(或向下)传播。

(2)浮力引起的烟气流动。着火房间温度升高,空气和烟气的混合物密度减小,与相邻的走廊、房间或室外的空气形成密度差,也会引起烟气流动。

(3)热膨胀引起的烟气流动。火灾燃烧过程中,因膨胀而产生大体积烟气。对于门窗开启的房间,体积膨胀而产生的压力可以忽略不计。反之,将可产生很大的压力,从而使烟气向非着火区流动。

(4)风力作用下的烟气流动。建筑物在风力作用下,迎风侧产生正压,而在建筑侧部或背风侧,将产生负压。当着火房间在正压侧时,将引导烟气向负压侧的房间流动。反之,当着火房间在负压侧时,风压将引导烟向室外流动。

(5)通风空调系统引起的烟气流动。通风空调系统的管路是烟气流动的通道,当系统运行时,空气流动方向也是烟气可能流动的方向。

二、火灾烟气控制原则

烟气控制的实质是使烟气合理流动,不流向疏散通道、安全区和非着火区,而向室外流动,以保证人员安全疏散或临时避难以及消防人员及时救援。其主要方法有隔断或阻挡、疏导排烟、加压防烟。

(一)隔断或阻挡

为了防止火势蔓延和烟气传播,规定建筑中必须划分防火分区和防烟分区。墙、楼板、门等都可以隔断或阻挡烟气的传播。

防火分区是指用防火墙、楼板、防火门或防火卷帘等分隔的区域,可以将火灾限制在一定局部区域内(在一定时间内),不使火势蔓延,同样也对烟气起了隔断作用。

防烟分区是指在设置排烟措施的过道、房间中,采用挡烟垂壁(一般用有机玻璃制作)、隔墙(采用非燃烧材料的隔墙)或从顶棚下突出不小于0.5m 的挡烟梁等措施来划分区域的防烟空间。防烟分区在防火分区中分隔。

(1)防烟分区的划分原则:①防烟分区不应跨越防火分区;②每个防烟分区的建筑面积不宜超过 500m²;③通常应按楼层划分防烟分区;④特殊用途的场所应单独划分防烟分区。

(2)防烟分区的划分方法。防烟分区一般根据建筑物的种类和要求不同,可按其用途、面积、方向划分。

(3)防烟分区的隔烟部位:①设定在走廊和房间之间;②设定在走廊中某处;③设定在走廊和楼梯间前室之间;④设定在楼梯间前室和楼梯间之间。

除隔墙外,顶棚下凸出不小于 500mm 的梁、挡烟垂壁和吹吸式空气幕都可作为防烟分区的分隔措施。图 7-13 所示为用梁或挡烟垂壁阻挡烟气流动。

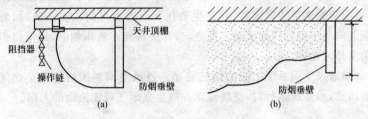

图 7-13　挡烟垂壁
(a)活动垂壁;(b)固定垂壁

(二)疏导排烟

排烟的部位有两类:着火区和疏散通道。利用自然作用力的排烟称为自然排烟;利用机械(风机)作用力的排烟称机械排烟。

1. 自然排烟

自然排烟是防烟和排烟设施的一种方式。在建筑防火设计中,有些场合(防烟楼梯间及其前室,消防电梯前室和合用前室等)需要设置防烟设施,防烟设施分为机械加压送风的防烟设施和可开启外窗的自然排烟设施。另还有一些场所(长度超过 20m 的内走道;面积超过 100m²,且经常有人停留或可燃物较多的房间;中庭或经常有人停留或可燃物较多的地下室等等)需要设置排烟设施,排烟设施可分为机械排烟设施和可开启外窗的自然排烟设施。

自然排烟是利用热烟气产生的浮力、热压或其他自然作用力使烟气排出室外。在高层建筑中除建筑物高度超过 50m 的一类公共建筑和建筑高度超过 100m 的居住建筑外,靠外墙的防烟楼梯间及其前室,消防电梯前室和合用前室,宜采用自然排烟方式。它设施简单,投资少,日常维护工作少,操作容易,但排烟效果受室外很多因素的影响,并不稳定,作用有限。自然排烟在符合条件时宜优先采用。

自然排烟有两种方式:利用外窗或专设的排烟口排烟与利用竖井排烟,如图 7-14 所示。

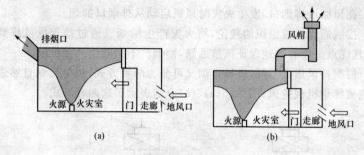

图 7-14　自然排烟
(a)窗口排烟;(b)竖井排烟

(1)利用可开启的外窗进行排烟,必须保证外窗能开启,且保证一定的可开启外窗面积。注意是可开启外窗的面积,不包括门等疏散通道的开启面积。其具体要求如下:

1)防烟楼梯间的前室或消防电梯间的前室可开启外窗面积不应小于 2m,合用前室可开启外窗面积不应小于 3m 。

2)靠外墙的防烟楼梯间每 5 层内开启外窗面积之和不应小于 2m 。

3)长度不超过 60m 的内走道,可开启的外窗面积不应小于走道面积的 2% 。

4)需要排烟的房间,可开启外窗面积不应小于该房间面积的 2% 。

5)净空高度小于 12m 的中庭,可开启的天窗或高侧窗的面积不应小于该中庭地面积的 5% 。

6)不靠外墙的防烟楼梯间前室或消防电梯前室的进风口开口有效面积应 ≥1m 进风道断面 ≥2m 排烟口开口有效面积应 ≥4m 排烟竖井断面 ≥6m 。

7)不靠外墙的合用前室的进风口开口有效面积应 ≥1.5m 进风道断面 ≥3m 排烟口开口有效面积应 ≥6m 排烟竖井断面 ≥9m。

(2)当外窗不能开启或无外窗时,可以专设排烟口进行自然排烟,如图 7-14(a)所示。图 7-14(b)中的竖井相当于一个烟囱,各层房间设排烟风口与之相连接,由于竖井的截面和排烟风口的面积都很大,故不推荐使用。

2. 机械排烟

机械排烟:常用于没有自然开窗,且长度超过20m的内走道或者地下室。在顶棚设排烟口,发生火灾时风机启动从排烟口抽烟。

按照通风气流组织的理论,将火灾产生的烟气通过排烟风机排到室外,其优点是能有效地保证疏散通路,使烟气不向其他区域扩散。

根据补风形式不同,机械排烟又可分为两种方式:机械排烟自然进风和机械排烟机械进风,图7-15(a)、(b)分别表示了这两种形式。

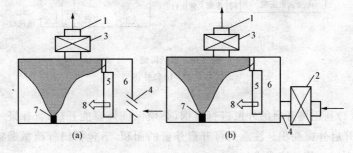

图 7-15　机械排烟

(a)机械排烟自然进风;(b)机械排烟机械进风

1—排烟风口;2—通风机;3—排烟风机;4—送风口;

5—门;6—走廊;7—火源;8—火灾室

(1)《建筑设计防火规范》(GB 50016—2006)规定,设置排烟设施的场所当不具备自然排烟条件时,下列部位应设置机械排烟设施:

1)需设置机械排烟设施且室内净高小于等于6m的场所应划分防烟分区;每个防烟分区的建筑面积不宜超过500m²,防烟分区不应跨越防火分区。

2)防烟分区宜采用隔墙、顶棚下凸出不小于500mm的结构梁以及顶棚或吊顶下凸出不小于500mm的不燃烧体等进行分隔。

机械排烟系统的设置应符合下列规定:

1)横向宜按防火分区设置;

2)竖向穿越防火分区时,垂直排烟管道宜设置在管井内;

3)穿越防火分区的排烟管道应在穿越处设置排烟防火阀。

在地下建筑和地上密闭场所中设置机械排烟系统时,应同时设置补风系统。当设置机械补风系统时,其补风量不宜小于排烟量的50%。机械排烟系统的排烟量不应小于表 7-4 的规定。

表 7-4　　　　　　　　机械排烟系统的最小排烟量

条件和部位		单位排烟量/ $[m^3/(h \cdot m^2)]$	换气次数	备注
担负 1 个防烟分区		60	—	单台风机排烟量不应小于 7200m^3/h
室内净高大于 6.0m 且不划分防烟分区的空间				
担负 2 个及 2 个以上防烟分区		120	—	应按最大的防烟分区面积确定
中庭	体积小于等于 1700m^3	—	6	体积大于 1700m^3 时,排烟量不应小于 102000m^3/h
	体积大于 1700m^3	—	4	

(2)《高层民用建筑设计防火规范》(GB 50045—1995)规定,一类高层建筑和建筑高度超过 32m 的二类高层建筑的下列部位,应设置机械排烟设施:

1)无直接自然通风,且长度超过 20m 的内走道或虽有直接自然通风,但长度超过 60m 的内走道。

2)面积超过 100m^2,且经常有人停留或可燃物较多的地上无窗房间或设固定窗的房间。

3)不具备自然排烟条件或净空高度超过 12m 的中庭。

4)除利用窗井等开窗进行自然排烟的房间外,各房间总面积超过 200m^2 或一个房间面积超过 50m^2,且经常有人停留或可燃物较多的地下室。

设置机械排烟设施的部位,其排烟风机的风量应符合下列规定:

1)担负一个防烟分区排烟或净空高度大于 6.00m 的不划防烟分区的房间时,应按每平方米面积不小于 60m^3/h 计算(单台风机最小排烟量不应小于 7200m^3/h)。

2)担负两个或两个以上防烟分区排烟时,应按最大防烟分区面积每平方米不小于 120m^3/h 计算。

3)中庭体积小于或等于 17000m^3 时,其排烟量按其体积的 6 次/h 换气计算；中庭体积大于 17000m³ 时，其排烟量按其体积的 4 次/h 换气计算，但最小排烟量不应小于 102000m³/h。

（3）机械排烟口的设置与选型。

1）排烟口的设置。

①有效尺寸：排烟口的尺寸可根据烟气通过排烟口有效断面时的速度不应大于 10m/s 进行计算。

②布置。垂直布置：为了保证排烟口的有效开口面积，机械排烟口要求尽量装设在较高的位置上。对于顶棚高度不超过 3m 的建筑物，排烟口应设在防烟分区的顶棚上或靠近顶棚的墙面上，即可设在距顶棚 800mm 以内的高度上；对于顶棚高度在 3～4m 的建筑物，排烟口可设在距地面 2.1m 的高度以上；对于顶棚高度超过 4m 的建筑物，排烟口可设在地面与顶棚之间 1/2 以上高度的墙面上；水平布置：排烟口应尽量设置在防烟分区的中心部位，且距该防烟分区最远点的水平距离不应超过 30m。

③数量。当用挡烟隔墙或挡烟垂壁划分防烟分区时，每个防烟分区应分别设置排烟口。若同一防烟分区内设置数个排烟口时，所有排烟口应能同时开启，排烟量应等于各排烟口排烟量的总和。排烟口的设置应根据建筑平面布局的具体情况，尽可能做到使烟气流动方向与人员疏散方向相反，烟气和空气形成上下分层的气流流动状况。

④形状。在排烟通道中，条缝形排烟口对于整个通道都是有效的，而方形排烟口则不容易排掉通道两侧的烟气。

为防止顶部排烟口处的烟气外溢，可在排烟口一侧的上部装设挡烟垂壁。

2）排烟口的选型。国产的排烟口产品按叶片分，有板式和多叶式两种。板式或多叶式排烟口均由壳体和执行机构两个部分组成，平时为关闭状态，发生火灾时借助开启装置瞬时开启，进行排烟。

（三）加压防烟

利用风机将一定量的室外空气送入房间或通道内，使室内保持一定压力及门洞处有一定流速，以避免烟气侵入。机械加压防烟应在以下部位设置：不具备自然排烟条件的防烟楼梯间、消防电梯间前室或合用前室；采用自然排烟措施的防烟楼梯间，其不具备自然排烟条件的前室；封闭避难层（间）。对于不同建筑设计方案的加压防烟方式见表 7-5。

表 7-5　　　　　　　　　　防烟楼梯及消防电梯间回压送风系统方式

序号	加压送风系统方式	图示
1	仅对防烟楼梯间加压送风时(前室不加压)	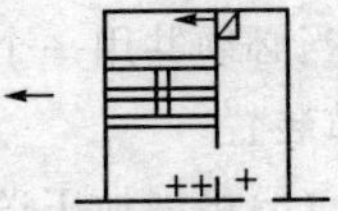
2	对防烟楼梯间及其前室分别加压	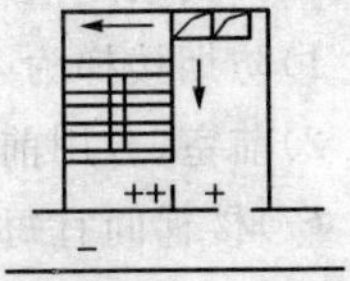
3	对防烟楼梯间及有消防电梯的合用前室分别加压	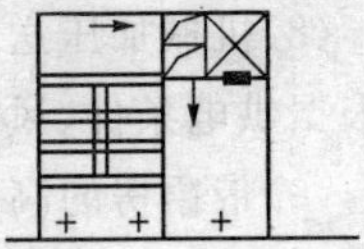
4	仅对消防电梯的前室加压	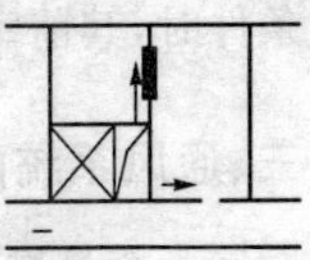
5	当防烟楼梯间具有自然排烟条件,仅对前室及合用前室加压	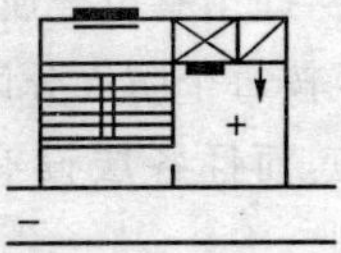

机械加压送风防烟系统的设置要求:

(1)高层建筑防烟楼梯间及其前室、合用前室和消防电梯前室的机械加压送风量应由计算确定,或查表确定。当计算值与查表结果不一致时,应按两者中较大值确定。

(2)层数超过 32 层的高层建筑,其送风系统及送风量应分段设计。

(3)剪刀楼梯间可合用一个风道,其风量应按两个楼梯间风量计算,送风口应分别设置。

(4)封闭避难层(间)的机械加压送风量应按避难层净面积每平方米不小于 $30m^3/h$ 计算。

(5)机械加压送风的防烟楼梯间和合用前室,宜分别独立设置送风系统,当必须共用一个系统时,应在通向合用前室的支风管上设置压差自动调节装置。

(6)机械加压送风机的全压,除计算最不利环管道压头损失外,尚应有余压。其余压值应符合下列要求:

1)防烟楼梯为 40~50Pa;

2)前室、合用前室、消防电梯前室、封闭避难层(间)为 30~25Pa。

(7)楼梯间宜每隔二至三层设一个加压送风口;前室的加压送风口应每层设一个。

(8)机械加压送风机可采用轴流风机或中、低压离心风机,风机位置应根据供电条件、风量分配均衡、新风入口不受火烟威胁等因素确定。

(9)带裙房的高层建筑防烟楼梯间及其前室,消防电梯前室或合用前室,当裙房以上部分利用可开启外窗进行自然排烟,裙房部分不具备自然排烟条件时,其前室或合用前室应设置局部正压送风系统。

三、通风系统的防火

空气中含易燃易爆物质的房间,其送风、排风系统应采用防爆型通风设备,即用有色金属制作的风机叶片和防爆的电动机。通风空调系统,横向应按每个防火分区设置,竖向不宜超过五层,送排风管道设有防止回流设施,而且各层设有自动喷水灭火系统,其进风和排风管道可不受此限制。

1. 多层民用建筑和工业建筑防火

(1)空气中含有容易起火或爆炸危险物质的房间,其送、排风应采用防爆型的通风设备。送风机如设在单独隔开的通风机房内且送风干管上设有止回阀,可采用普通型通风设备。

(2)排除有燃烧和爆炸危险粉尘的空气,在进入排风机前应进行净化。对于空气中含有容易爆炸的铝、镁等粉尘,应采用不产生火花的除尘器;如粉尘与水接触能形成爆炸性混合物,不应采用湿式除尘器;

(3)有爆炸危险粉尘的排风机、除尘器,宜分组布置,并应与其他一般风机除尘器分开设置。

（4）净化有爆炸危险粉尘的干式除尘器和过滤器，宜布置在生产厂房之外的独立建筑内，且与所属厂房的防火间距不应小于 10m。但符合下列条件之一的干式除尘器和过滤器，可布置在生产厂房的单独房间内：

1）有连续清灰设备。

2）风量不超过 15000m³/h、且集尘斗的储尘量小于 60kg 的定期清灰的除尘器和过滤器。

（5）有爆炸危险的粉尘、过滤器、管道，均应按照现行国家标准《采暖通风与空气调节设计规范》（GB 50019—2003）的有关规定设置泄压装置。净化有爆炸危险的粉尘的干式除尘器和过滤器，应布置在系统的负压段上。

（6）排除、输送有燃烧爆炸危险的气体、蒸汽和粉尘的排风系统，应设有导除静电的接地装置，其排风设备不应布置在建筑物的地下室、半地下室内。

（7）甲、乙、丙类生产厂房的送、排风道宜分层设置，但进入生产厂房的水平或垂直送风管设有防火阀时，各层的水平或垂直送风管可合用一个送风系统。

（8）排除和输送温度超过 80℃ 的空气或其他气体以及容易起火的碎屑的管道与燃烧或难燃烧构件之间的填塞物，应用不燃烧的隔热材料。

（9）下列情况之一的通风、空气调节系统的送、回风管应设防火阀：

1）送、回风总管穿过机房的隔墙和楼板处；

2）通过贵重设备或火灾危险性大的房间隔墙和楼板处的送、回风管道；

3）多层建筑和高层工业建筑的每层送、回风水平风管与垂直总管交接处的水平管段上。

多层建筑和高层工业建筑各层的每个防火分区，当其通风、空调系统均系独立设置时，则被保护防火分区内的送、回风水平风管与总管的交接处可不设防火阀。

（10）防火阀的易熔片或其他感温、感烟等控制设备一经作用，应能顺气流方向自行严密关闭，并应设有单独支吊架等防止风管变形而影响关闭的措施。

易熔片及其他感温元件应装在容易感温的部位,其作用温度应较通风系统在正常工作时最高温度约高25℃,一般可采用72℃。

(11)通风、空调系统的风管应采用不燃烧材料制作,但接触腐蚀性介质的风管和柔性接头可采用难燃烧材料制作。

公共建筑的厨房、浴室、厕所的机械或自然垂直排风管道,应设有防止回流设施。

(12)风管和设备的保温材料、消声材料及其胶粘剂,应采用不燃烧材料或难燃烧材料。

风管内设有电加热器时,电加热器的开关与通风机开关连锁控制,电加热器前后各80cm范围内的风管和穿过设有火源等容易起火的房间的风管,均应采用不燃烧保温材料。

(13)通风管道不宜穿过防火墙和不燃烧体楼板等防火分隔物。如必须穿过时,应在穿过处设防火阀。穿过防火墙两侧各2m范围内的风管保温材料应采用不燃烧材料,穿过处的空隙应用不燃烧材料填塞。

有爆炸危险的厂房,其排风管道不应穿过防火墙和车间隔墙。

2. 高层民用建筑防火

(1)空气中含有易燃、易爆物质的房间,其送、排风系统应采用相应的防爆型通风设备。当送风机设在单独隔开的通风机房内且送风干管上设有止回阀时,可采用普通型通风设备,其空气不应循环使用。

(2)通风、空气调节系统,横向应按每个防火分区设置,竖向不宜超过五层,当排风管道设有防止回流设施且各层设有自动喷水灭火系统时,其进风和排风管道可不受此限制。垂直风管应设在管道井内。

(3)下列情况之一的通风、空气调节系统的风管应设防火阀:

1)管道穿越防火分区处;

2)穿越通风、空气调节机房及重要的或火灾危险性大的房间隔墙和楼板处;

3)垂直风管与每层水平风管交接处的水平管段上;

4)穿越变形缝处的两侧。

(4)防火阀的动作温度宜为70℃。

(5)厨房、浴室、厕所等的垂直排风管道,应采取防止回流的措施或在支管上设置防火阀。

（6）通风、空气调节系统的管道等，应采用不燃烧材料制作，但接触腐蚀性介质的风管和柔性接头，可采用难燃烧材料制作。

（7）管道和设备的保温材料、消声材料和胶粘剂应采用不燃烧材料或难燃烧材料。

（8）风管内设有电加热器时，风机应与电加热器连锁。电加热器前后各 80mm 范围内的风管和穿过设有火源等容易起火部位的管道，均必须采用不燃保温材料。

第三节　通风系统主要设备及构件

一、风机

风机是确保空气在系统中正常流动的动力源，它所提供的动力包括动压和静压两部分。动压是使空气产生流动的压力；静压则是用于克服空气在管道中流动的阻力，二者之和称为全压。

风机主要分为离心风机、轴流风机和其他风机。

1. 离心风机

离心风机的空气流向垂直于主轴。其主要是由集流器（吸入口）、叶轮、机壳、支承与传动部件、出风口及支座组成，如图 7-16 所示。

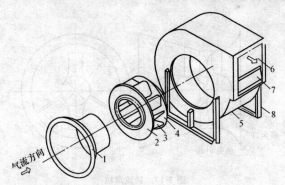

图 7-16　离心式通风机
1—集流器；2—叶轮前盘；3—叶片；4—叶轮后盘；
5—机壳；6—出风口；7—截流板（风舌）；8—支座

离心式通风机用途代号见表 7-6。

表 7-6　　　　　　　　　　离心式通风机用途代号

用　　途	代　　号	用　　途	代　　号
排尘通风	C	矿井通风	K
输送煤粉	M	电站锅炉引风	Y
防腐	F	电站锅炉通风	G
工业炉吹风	L	冷却塔通风	LE
耐高温	W	一般通风换气	T
防爆炸	B	特殊风机	E

由图 7-16 可看出,风机叶轮在电动机的带动下高速旋转,而叶轮间的气体在离心力的作用下由径向甩出;与此同时,在叶轮的前端集流器(吸入口)处形成真空,外界气体被吸入叶轮内。由叶轮甩出的气体被压入风管系统中,由此源源不断地吸入后甩出,输送到系统中。

2. 轴流风机

轴流风机空气流向平行于主轴。主要由叶轮、机壳、集风器、电动机四部分组成。叶轮由叶片、轮盘、轮毂组成,叶片固定在轮盘上,轮毂与转动轴直接连接;机壳由风筒、底座与支板组成;吸风口呈喇叭状,起减少空气流动阻力的作用,如图 7-17 所示。

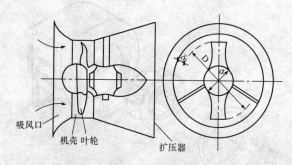

图 7-17　轴流风机

轴流式通风机机翼形式代号见表 7-7。

表 7-7　　　　　　　　　　　轴流式通风机机翼形式代号

代号	机翼形式	代号	机翼形式
A	机翼型扭曲叶片	G	对称半机翼型扭曲叶片
B	机翼型非扭曲叶片	H	对称半机翼型非扭曲叶片
C	对称机翼型扭曲叶片	K	等厚板型扭曲叶片
D	对称机翼型非扭曲叶片	L	等厚板型非扭曲叶片
E	半机翼型扭曲叶片	M	对称等厚板型扭曲叶片
F	半机翼型非扭曲叶片	N	对称等厚板型非扭曲叶片

由图 7-17 可看出,一般通用通风机气轴流通风机的传动方式为 A 式直联传动。对于大型的轴流通风机或是生产需要将电动机安装在机壳外面的轴流通风机,传动方式可采用以下传动方式:

(1)引出式皮带传动;

(2)引出式联轴器传动;

(3)长轴式联轴器传动。

3. 其他风机

贯流式风机采用一个筒型叶轮,其噪声介于离心风机和轴流风机之间,可获得扁平而高速的气流,出风口细长,结构简单,常用于风幕机、风机盘管和家用空调室内侧风机。

混流式风机也称为子午加速轴流风机。其出风筒为锥形,空气在其中被加速,它既能产生高风压,又能维持轴流风机的高风量,所以它兼有离心风机和轴流风机的优点。另外,混流式风机还具有结构简单、造价低、维修方便的特点。

二、风口

风口根据其使用场所不同,可分为室内与外两种。

1. 室外风口

室外送风口是室外空气的采进装置,应设在室外空气比较清洁的地点。由图 7-18 可以看出,图 7-18(a)所示为设于围护结构上的墙壁式送风口。送风口的底部距室外地坪一般不小于 2.00m,进口处应装置用木板或薄钢板制作的百叶窗。图 7-18(b)所示为专门的送风塔。

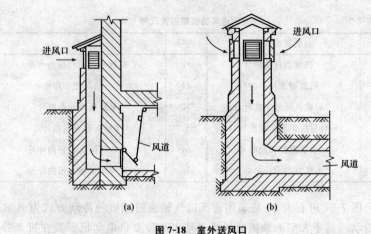

图 7-18 室外送风口

室外排风系统一般从屋顶排风,以减轻对附近环境的污染。为保证排风效果,往往在排风口上加设风帽,如图 7-19 所示。

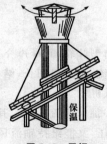

图 7-19 风帽

2. 室内风口

室内风口又叫空气分布器,放置在室内用来向房间送入空气或排出空气。

风口的形式,根据使用对象可分为通风系统和空调系统风口。通风系统常用圆形风管插板式送风口、矩形联动可调百叶风口、连续式送风口、球形旋转送风口、高效过滤器送风口等。

(1)圆形风管插板式送风口。圆形风管插板式送风口如图 7-20 所示,它由插板、导向板、挡板组成。插板式风口常用于通风系统或要求不高的空调系统的送、回(吸)风口,借助插板改变风口净面积。

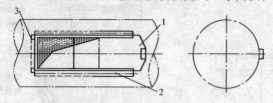

图 7-20　圆形插板式风口
1—插板;2—插板导向槽板;3—挡板

　　(2)矩形联动可调百叶风口。矩形联动可调百叶风口是由单、双层叶片架和对开式风量调节阀组成。叶片架上装有一层或两层叶片,用以调节气流的上下倾角和扩散角,满足气流组织的需要。由于在风口的内部装有对开式风量调节阀,在空调房间内就可调节风口的送风量,改变气流的射程,如图 7-21 所示。

　　风口的叶片根据水平和垂直排列形式,可分为 H、V 型单层百叶风口和 HV、VH 型双层百叶风口。H 表示叶片是水平的,而 V 表示叶片是垂直的。

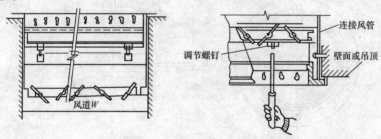

图 7-21　矩形联动可调百叶风口

　　带有风量调节阀的百叶风口,用 S 符号来表示,如 HS、VS、HVS 及 VHS 等。

　　(3)连续式送风口。连续式送风口如图 7-22 所示。它适用于工业厂房顶棚下送风,对于纺织厂或大面积厂房可采用多个风口连续安装或数排并列安装。气流经网板和调节风量的篦孔从三个方向射出,其气流均匀,而且衰减的较快,射程约为 0.5~1.5m。

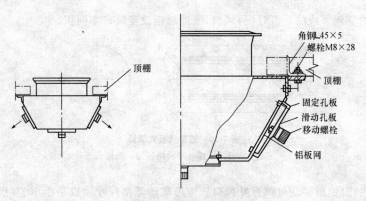

图 7-22　连续式送风口

（4）球形旋转送风口。球形旋转送风口如图 7-23 所示，常用于热车间或热环境条件下的工作岗位局部吹风口，并适用于对噪声控制不太严格的场所。这种风口可单独安装在风管末端作局部吹风用，或密集地设置在静压箱下面作下送风用。

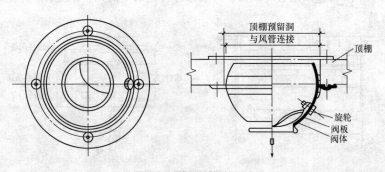

图 7-23　球形旋转送风口

（5）高效过滤器送风口。高效过滤器送风口用 5 级以下非单向流洁净室的终端送风装置。它由高效过滤器箱壳、静压箱及扩散孔板组合而成。

高效过滤器和扩散孔板为下装式的，在洁净室内可更换高效过滤器。送风管可在静压箱的顶部或侧面连接。安装时，用四根吊筋吊在顶部，可在楼板上或轻钢吊顶等处安装。

三、风阀

风阀通常是指通风空调系统中用来开关和调节风量的阀门。它可以平衡各支管或送、回风口的风量及启动风机等；另外，还可起安全防火和排烟的作用。

常用的风阀有多叶调节阀、蝶阀插板阀、止回阀、三通调节阀、余压阀、防烟防火阀，此外，还有风机启动阀、超压自动排气阀等。

1. 多叶调节阀

普通风阀中，多叶调节阀用得最广泛，因其调节性能较好而适用于所有通风、空调系统，达到设计给定值，应对系统进行测定和调整，采用多叶调节阀进行调节。多叶调节阀有对开式和平行式两种，只有矩形，如图7-24所示的多叶调节阀。

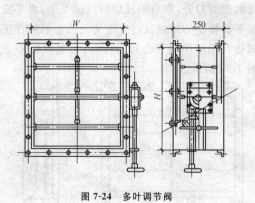

图 7-24　多叶调节阀

由图 7-25 可看出，为保证通风空调系统的总风量、各支管及送风口风量通过手轮和蜗杆进行调节，并有开度的指示装置。

2. 蝶阀

蝶阀为单板阀结构，既有矩形，也有圆形。一般用于分支管或空气分布器(风口)前，作风量开关、调节用。这种风阀是以改变阀板的转角来调节风量。常用于排风末端，防排烟系统的排烟口等。蝶阀由短管、阀板、调节装置等三部分组成，其外形如图 7-25 所示。

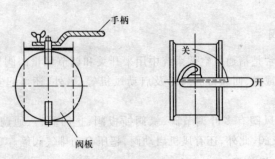

图 7-25 蝶阀

3. 止回阀

止回阀又叫单向阀,有矩形、圆形两种。在通风空调系统中,特别在空气洁净系统中,为防止通风机停止运转后气流倒流,常用止回阀。垂直安装时,靠气流的推力打开,靠自垂或反向气流关闭;水平安装时,靠气流的推力打开,靠平衡锤的力矩或反向气流关闭。止回阀在正常条件下,通风机开动后,阀板在风压作用下会自动打开;而通风机停止运转后,阀板自动关闭,如图 7-26 所示。

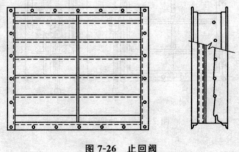

图 7-26 止回阀

4. 手动矩形分支管风量调节阀

矩形分支管风量调节阀(图 7-27)与一般三通调节阀的用途相同,只起到各支管的分配调节作用。这种调节阀和一般三通调节阀相比,在调节风量时不必到天棚或技术夹层内调节,在空调房间内调节即可。一般只作分流,不作合流用。这种调节阀可与圆形散流器、矩形散流器等风口配套使用。

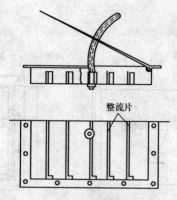

整流片

图7-27 手动矩形分支管风量调节阀

5. 余压阀

余压阀的工作原理为,压差作用于阀板,克服平衡锤的力矩打开阀门,由压力高的一侧向压力低的一侧排出风量以维持平衡。一般安装于需要保持压盖的两个空间隔墙上。

四、防火阀、排烟阀(口)

1. 防火阀

防火阀是通风空调系统中的安全装置,在发生火情时能立即关闭,切断气流,避免火从风道中传播蔓延。通常使用的防火阀,可分为重力式防火阀、弹簧力驱动式防火阀(或称电磁式)、气动驱动式防火阀等。

(1)重力式防火阀。重力式防火阀的关闭力为阀门叶片自重或叶片旋转轴上的重锤力。重力式防火阀又称自重翻板式防火阀,分矩形和圆形两种。矩形防火阀有单板式和多叶片式两种;圆形防火阀只有单板式一种。其构造是由阀壳、阀板、转轴、托框、自锁机构、检查门、易熔片等组成,如图7-28和图7-29所示。

(2)弹簧力驱动式防火阀。弹簧力驱动式防火阀的关闭力为弹簧力。弹簧式防火阀有矩形和圆形两种。它是由阀壳、叶片或阀板、转轴、弹簧扭转机构、温度熔断器等组成,如图7-30所示。防火阀安装在通风、空调系统中,平时为常开状态。

(3)气动式防火阀。气动式防火阀用于与1301自动灭火系统连动的通风空调风管。气动驱动式防火阀的关闭力为压缩空气通过气缸作用杆的作用力。

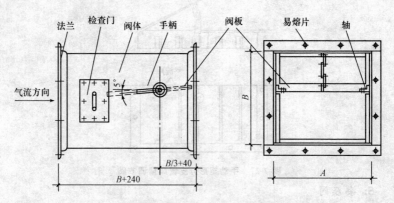

图 7-28　重力式矩形单板防火阀

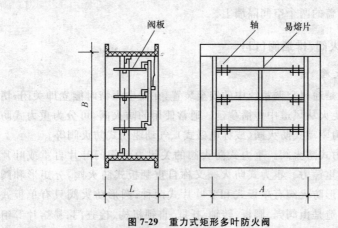

图 7-29　重力式矩形多叶防火阀

由图 7-31 可看出，1301 的喷头组件的位置与系统连接，火灾发生后，灭火系统启动，系统管道内压力气体进入防火阀气缸，驱使防火阀动作，阀门关闭（如阀门用于排烟系统中的排烟阀，则阀门可动作开启），切断烟气和火势沿风管蔓延的通路。

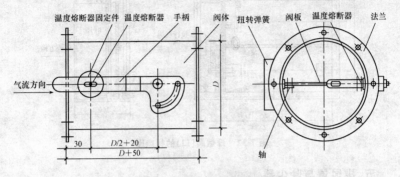

图 7-30　弹簧式圆形防火阀

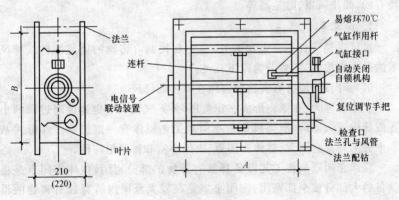

图 7-31　气动式防火阀

2. 排烟阀(口)

排烟阀(口)的构造如图 7-32 所示,它由阀体、风口和执行机构及控制器组成。

排烟阀安装在排烟系统中,平时处于常闭状态,发生火灾时手动或借助于感烟、感温器自动开启排烟阀门进行排烟,保护人员不受烟气伤害。

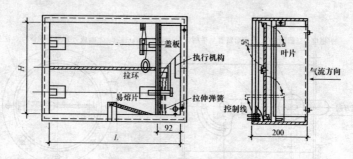

图 7-32　排烟阀(口)的构造图

五、排风罩与除尘器

机械通风系统的部分设备与附件和空调系统的设备与附件几乎完全一样。如风机、风道、风阀、室外进排风口等,也有部分设备是通风系统所特有的,如排风罩、除尘器等。

1. 排风罩

排风罩是设置在有害物源处,捕集和控制有害物的通风部件。排风罩的形式有很多,主要分为以下几类:

(1)密闭罩:即将有害物源密闭在罩内的排风。

工作原理为:在罩内形成一定负压,外界气流以一定速度通过罩的小孔或缝隙进入罩内,所需风量最小但对工艺操作有一定影响。其形式基本上分为局部密闭罩、整体密闭罩、密闭小室和排风柜四种。

局部密闭罩只将工艺设备释放有毒物的部分密闭;整体密闭罩是将设备的大部分或全部密闭;密闭小室是在较大范围内将释放有害物的设备或有关工艺过程全部密闭起来;排风柜则是三面围挡一面敞开,或有操作拉门、工作孔以观察工艺操作过程。如图 7-33～图 7-36 所示。

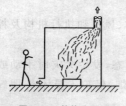

图 7-33　整体密闭罩

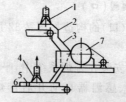

图 7-34　局部密闭罩
1—排风口;2—罩体;3—观察口;
4—排风口;5—遮尘帘;6—罩体;7—产尘设备

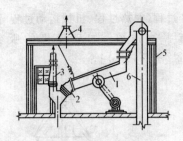

图 7-35 密闭小室
1—振动筛；2—帆布接头
3,4—排风罩；5—密闭罩；6—提升机

图 7-36 排风柜
1—排风口；2—罩体
3—观察口；4—工作孔

（2）外部罩。外部罩是指设置在有害物源近旁，依靠罩口的抽吸作用，在控制点处形成一定的风速排除有害物的排风罩。此方式所需风量较大，对工艺操作影响小。根据罩开口与有害物的位置关系分为上吸罩、下吸罩、侧吸罩和槽边罩，如图 7-37～图 7-40 所示。

图 7-37 上吸罩

图 7-38 下吸罩

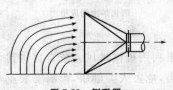

图 7-39 侧吸罩

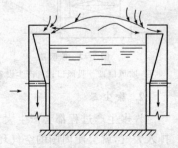

图 7-40 槽边罩

(3)接受罩。接受罩是利用生产过程(如热过程、机械运动过程等)产生或者诱导的有害物气流把有害物排掉。如砂轮机的吸尘罩[图 7-41(a)]、高温热源上部的伞形罩[图 7-41(b)]等。

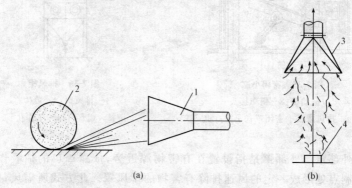

图 7-41　接受罩
1—排风口;2—砂轮;3—排风口;4—热源

(4)吹吸罩。利用吹风口吹出的射流和吸风口前汇流的联合作用捕集有害物的罩子(图 7-42、图 7-43)。

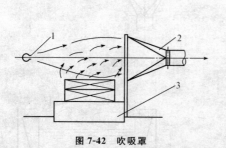

图 7-42　吹吸罩
1—吹风口;2—吸风口;3—产尘设备

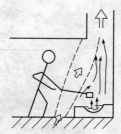

图 7-43　吹吸气流在金属
熔化炉上的应用

2. 除尘器

许多生产过程都会产生大量粉尘,如果利用机械排风系统直接将其排入大气,就会使周围的空气环境受到污染,危害人类健康,影响工农业生产。因此,含尘空气必须经过适当的净化处理,达到排放标准才能排入大气。除掉空气中粉尘所用的设备称为除尘器。

在有些净化除尘过程中还能够回收有用的物料,具有很大的经济意义。这时除尘设备既是环保设备又是生产设备。

目前,常用的除尘器有重力沉降室、旋风除尘器、袋式除尘器、湿式除尘器和静电除尘器等。

(1)重力沉降室。重力沉降室是靠重力作用使尘粒从气流中分离的除尘装置,其结构如图 7-44 所示。

重力沉降室结构简单、造价低、易于制作,阻力小且不受温度和压力的限制,可回收干灰,运行可靠,维修费用少。但除尘效率较低,占地面积大,不能分离微小粉尘,所以在通风工程中应用较少。一般适用于要求不高的小型锅炉、化铁炉等产生热烟气的地方,或作为预除尘器使用。

重力沉降室实际上就是一个比输送气体的管道增大了若干倍的除尘室。含尘气流进入沉降室后,由于过流断面积突然增大,流动速度迅速下降,气流中的尘粒在重力作用下,缓慢向灰斗沉降,净化后的空气由沉降室的另一端排出。为了提高沉降室的除尘效果,常在沉降室的内部增设一些挡板。

(2)旋风除尘器。旋风除尘器是利用气流旋转过程中作用在尘粒上的惯性离心力,使尘粒从气流中分离的设备,其结构如图 7-45 所示。旋风除尘器由送风口、圆筒体、圆锥体、排气管、集灰斗等组成。

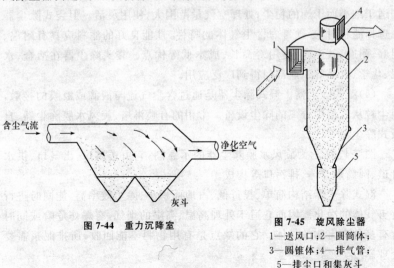

图 7-44 重力沉降室

图 7-45 旋风除尘器
1—送风口;2—圆筒体;
3—圆锥体;4—排气管;
5—排尘口和集灰斗

旋风除尘器耐高温、耐压力、结构简单、体积小、造价低、维护方便。但对微细粉尘的捕集率不高。旋风除尘器在通风工程中应用较广,特别是用于小型锅炉和多级除尘中的第一级除尘。

含尘气流由切线送风口进入除尘器,沿外壁由上向下作螺旋形旋转运动,气流到达锥体底部后,转而沿轴心向上旋转,最后由排气管排出。气流做旋转运动时,尘粒在惯性离心力的推动下,被甩到外壳的内表面。尘粒和外壳壁相碰后,失去原有的速度,沿壁面下滑落入灰斗。

(3)袋式除尘器。袋式除尘器是通过滤料(纤维、织物、棉布等)做成滤袋,装在箱体内,对含尘气流进行过滤的除尘设备,其结构如图7-46所示。袋式除尘器主要由送风口、净化气体出口、滤袋、振动装置、灰斗等部分组成。

含尘气流由下部送风口进入箱体内,自下而上地通过滤袋。

当气流从滤袋内穿出时,由于滤袋孔隙很小,尘粒被滤袋阻挡下来,附着在滤料表面形成粉尘层。过滤作用主要是依靠这个滤料层和以后逐渐堆积起来的粉尘层,使气体得到净化,由箱体上部的排气口排出。积在滤袋上的粉尘,通过振动装置使滤袋发生抖动,被抖落在灰斗里。定期打开下部的插板,就可回收或排除粉尘。

袋式除尘器结构简单、投资省、运行可靠、维修方便、除尘效率高,特别适于细小而干燥的粉尘;处理空气量范围大,使用灵活。但袋式除尘器在选择滤料时,必须考虑含尘气体的特性,性能良好的滤料应具有耐温、耐磨、耐腐、效率高、使用寿命长、成本低等优点。袋式除尘器在冶金、水泥、化学、食品等工业部门得到广泛应用。

(4)湿式除尘器。湿式除尘器是通过含尘气流与液滴或液膜的接触,使尘粒从气流中分离的除尘设备。常用的有喷淋塔、旋风水膜除尘器、自激式除尘器等。

图7-47所示为旋风水膜除尘器的示意图,它由送风口、出气口、供水管道、圆筒形壳体、排污口等构成。

湿式除尘器结构简单、投资低、占地面积小、除尘效率高,能同时进行有害气体的净化。因而它适于处理高温、高湿的烟气,有爆炸危险或同时含有多种有害物的气体。它的缺点是有用物料不能回收,所排泥浆需要处理。

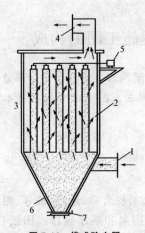

图 7-46 袋式除尘器

1—送风口;2—箱体;3—滤袋;
4—净化气体出口;5—振动装置;
6—灰斗;7—插板

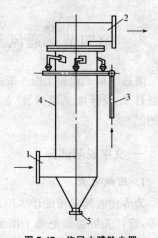

图 7-47 旋风水膜除尘器

1—送风口;2—出气口;
3—供水管道;4—圆筒形壳体;
5—排污口

(5)静电除尘器。静电除尘器又称电除尘器,它是利用电场产生的静电使尘粒从气缸中分离。静电除尘器是一种高效除尘设备,理论上可达到任何要求的效率。但随着效率的提高,会增加除尘设备造价。静电除尘器压力损失很小,运行费用低。

图 7-48 所示为板式静电除尘器,流经静电除尘器的断面流速不宜过大,以免气流冲刷集尘极而造成粉尘二次飞粉,使除尘器效率降低。

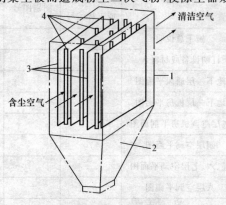

图 7-48 板式静电除尘器

1—壳体;2—灰斗;3—集尘极;4—电晕板(放电极)

第四节 通风系统工程施工图的构成

暖通空调工程施工图一般由文字与图纸两部分组成。文字部分包括图纸目录、设计施工说明、设备及主要材料表。图纸部分包括基本图和详图。

一、文字说明部分

1. 图纸目录

为方便查阅工程设计单位、建设单位、工程名称、地点、编号、图纸名称等,设计人员通常把施工图纸按一定的图名和顺序编排成图纸目录。图纸目录包括在该工程中使用的标准图纸或其他工程图纸目录和该工程的设计图纸目录。在图纸目录中,必须完整地列出该工程设计图纸名称、图号、工程号、图幅大小、备注等。

表 7-8 所示为某工程图纸目录的范例。

表 7-8　　　　　　　某工程图纸目录的范例

××××设计院		工程名称	××办公楼		设计号××—××	
		项　目	主　楼		共2页　第1页	
序号	图别图号	图纸名称	采用标准图或重复使用图		图纸尺寸	备注
			图集编号或工程编号	图别图号		
1	暖施—1	施工总说明			2	
2	暖施—2	订购设备或材料表			4	
4	暖施—3	地下一层通风平面图			2	
5	暖施—4	地下一层机房平面图			2	
6	暖施—5	底层空调机房平剖面图			2	
7	暖施—6	四层空调平面图			2	
8	暖施—7	五、六、七层空调平面图			2	
9	暖施—8	八层空调平面图			2	
10	暖施—9	九层空调平面图			2	

（续）

序号	图别图号	图纸名称	采用标准图或重复使用图		图纸尺寸	备注
			图集编号或工程编号	图别图号		
11	暖施—10	十层空调平面图			2	
24	暖施—11	地下室通风系统图			2	
25	暖施—12	五层、十层空调系统图			2	
26	暖施—13	八、九、十层空调系统图			2	
27	暖施—14	三十层空调系统图			2	
28	暖施—15	客房及办公室新风系统图			2	

2. 设计施工说明

设计施工说明是整套设计图样的首页，主要应包括下述内容：建筑概况、设计方案概述、设计说明、主要设计参数的选择、设计依据、施工时应注意的事项等。对于简单项目建筑一般可不做首页，其内容可与平面图等合并。

（1）设计说明。暖通空调工程设计说明是为了帮助工程设计、审图、项目审批等技术人员了解本项目的设计依据、引用规范与标准、设计目的、设计思想、设计主要数据与技术指标等主要内容。设计说明作为图样首页仅对整个工程项目的主要内容加以陈述，其设计结果与图表的计算过程应在设计计算说明书中做详细论述。

设计说明应包括：

1）设计依据：整个设计引用的各种标准规范、设计任务书、主管单位的审查意见等。

2）建筑概况：需要进行的空调通风工程范围简述（含建筑与房间）。

3）暖通空调室内外设计参数：室外计算参数说明通风空调工程项目的气象条件（如室外冬夏季空气调节、通风的计算湿度及温度、室外风速等）。室内设计参数说明暖通空调工程实施对象需要实现的室内环境参数（如室内冬夏季空调通风温湿度及控制精度范围，新风量、换气次数，室内风速、含尘浓度或洁净度要求、噪声级别等）。

4)采暖、空调冷热负荷、冷热量指标:为整个工程的造价、装机容量提供依据。

5)采暖设计说明:采暖系统的形式;水力计算情况;管道敷设方式;散热器型号等。

6)空调设计说明:说明空调房间名称、性质及其产生热、湿、有害物的情况;空调系统的划分与数量;各系统的送、回、排、新风量,室内气流组织方式(送回风方式);空气处理设备(空调机房主要设备);系统消声、减振等措施、管道保温处理措施。

7)通风设计说明:通风系统的数量、系统的性质及用途等;通风净化除尘与排气净化的方案等措施;各系统送排风量,主要通风设备容量、规格型号等;其他如防火、防爆、防振、消声等的特殊措施。

8)热源、冷源情况:热媒、冷媒参数;所需的冷热源设备(冷冻机房主要设备、锅炉房主要设备等)容量、规格、型号;系统总热量、总冷量、总耗电量等系统综合技术参数。

9)系统形式和控制方法。必要时,需说明系统的使用操作要点,例如空调系统季节转换、防排烟系统的风路转换等。

(2)施工说明。施工说明所指内容是指用施工图表达不清楚,但在施工中应当注意的内容。

施工说明各条款有一定的法律依据,是工程施工中必须执行的措施依据。凡施工说明中未提及、施工中未执行,且其结果又引起施工质量等不良后果的,或者按施工说明执行且无其他因素引起的不良后果,设计方需承担一定责任。为此施工说明各条款的内容非常重要,应介绍设计中使用的材料和附件、连接方法、系统工作压力和特殊的试压要求等,如与施工验收规范相符合,可不再标注。说明中还应介绍施工安装要求及注意事项,一般含以下内容:

1)需遵循的施工验收规范。

2)各风管材料和规格要求,风管、弯头、三通等制作要求。

3)各风管、水管连接方式、支吊架、附件等安装要求。

4)各风管、水管、设备、支吊架等的除锈、油漆等的要求和做法。

5)各风管、水管、设备等保温材料与规格、保温施工方法。

6)机房各设备安装注意事项、设备减振做法等。

7)系统试压、漏风量测定、系统调试、试运行注意事项。

8)对于有安装于室外的设备,需说明防雨、防冻保温等措施及其做法。

对于经验丰富的施工单位,上述条款也可简化。但相应的施工要求与做法应指明需要遵循的国家标准或规范条款第几项。

由于施工需要注意的事项有许多,说明中很容易遗留有关内容,施工说明末尾经常采用"本说明未尽事宜,参照国家有关规范执行",以避免遗漏相关条款。

(3)设备与主要材料表。设备与主要材料表是工程各系统设备与主要材料的型号和数量上的汇总,应包含整个通风空调工程所涉及的所有设备,如散热器、通风机、空调机组、风机盘管、冷热源设备、换热器、水系统所需的水泵、水过滤器、自控设备等,还应包含各种送回风口、风阀、水阀、风和水系统的各种附件等。其格式应符合《暖通空调制图标准》(GB/T 50114—2010)的要求。

值得注意的是,风管与水管通常不列入材料表。

设备与材料表是业主投资的主要依据,也是设计方实施设计思想的重要保证,施工方订货、采购的重要依据,为此,各项目的描述不当、遗漏或多余均会带来投资的错误估计,可能造成工期延误,甚至造成设计方、业主方、施工方之间的法律纠纷。因此,正确无误地描述设备与主要材料表中的各项目非常重要。

二、图纸部分

基本图包括系统原理图、平面图、立面图、剖面图及系统轴测图。

详图包括部件的加工制作和安装的节点图、大样图及标准图。如采用国家标准图、省(市)或设计部门标准图及参照其他工程的标准图时,在图纸目录中附有说明,以便查阅。

文字说明包括有关的设计参数和施工方法及施工的质量要求。

在编制施工图预算时,不但要熟悉施工图样,而且要阅读施工技术说明和设备材料表。因为许多工程内容在图上不易表示,而是在说明中加以交代。

第五节　通风系统施工图识读

一、通风系统施工图的主要内容

1. 通风系统原理图

系统原理方框图是综合性的示意图,它将空气处理设备、通风管路、冷热源管路、自动调节及检测系统联结成一个整体,构成一个整体的通风空调系统。它表达了系统的工作原理及各环节的有机联系。这种图样一般通风空调系统不绘制,只是在比较复杂的通风空调工程才绘制。图 7-49 为通风空调系统原理图。

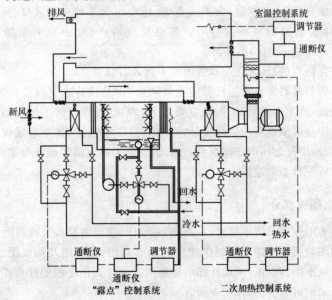

图 7-49　通风空调系统原理图

2. 通风系统平面图

在通风空调系统中,空调通风风管布置平面图上表明风管、部件及设备在建筑物内的平面坐标位置。图 7-50 所示为通风风管布置平面图。

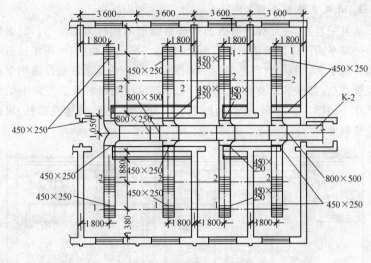

图 7-50　通风风管布置平面图

通风风管布置平面图一般应按下列要求绘制：

（1）风管系统一般以双线绘出，包括风管的布置、消声器、调节阀、防火阀各部件设备的位置等，并且注明系统编号、送、回风口的空气流动方向。

（2）风管按比例用中粗双线绘制，并注明风管与建筑轴线或有关部位之间的定位尺寸。

（3）标注风管尺寸时，只注两风管变径前后尺寸。

（4）风管立管穿楼板或屋面时，除标注布置尺寸及风管尺寸外，还应标有所属系统编号及走向。

（5）风管系统中的变径管、弯头、三通均应适当地按比例绘制。

此外，对于应用标准图集的图纸，还应注明所有的适用图、标准图集引号。对于恒温、恒湿房间，应注明房间各参数的基准值和精度要求。

当建筑装修未确定时，风管可先画出单线走向示意图，注明房间送、回风量或风机盘管数量、规格，待建筑装修确定后，再按规定要求绘制平面图。对改造工程，由于现场情况复杂，可暂不标注详细定位尺寸，但要给出参考位置。

3. 通风系统剖面图

从某一视点,通过对平面图剖切观察绘制的图称为剖面图。剖面图是为说明平面图难以表达的内容而绘制的,与平面图相同,采用正投影法绘制。图中所说明的内容必须与平面图相一致。通风系统剖面图用于说明立管复杂、部件多以及设备、管道、风口等纵横交错时垂直方向上的定位尺寸。如图7-51所示,在剖面图上可以看出通风机、风管及部件、风帽的安装高度。

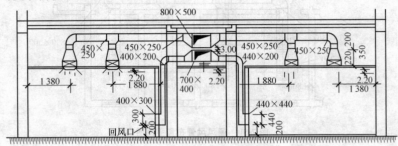

图 7-51 通风系统剖面图

通风系统剖面图中设备、管道与建筑之间的线型设置等规则与平面图相同,除此之外,一般还应包括以下内容:

(1)注意剖视和剖切符号的正确应用。

(2)凡在平面图上被剖到或见到的有关建筑、结构、工艺设备均应用细实线画出。标出地板、楼板、门窗、顶棚及与通风有关的建筑物、工艺设备等的标高,并应注明建筑轴线编号、土壤图例。

(3)标注空调通风设备及其基础、构件、风管、风口的定位尺寸及有关标高、管径及系统编号。

(4)标出风管出屋面的排出口高度及拉索位置,标注自然排风帽下的滴水盘与排水管位置、凝水管用的地沟或地漏等。

4. 通风系统轴测图

通风系统轴测图一般应包括下列内容:表示出通风系统中空气(或冷热水等介质)所经过的所有管道、设备及全部构件,并标注设备与构件名称或编号。由通风系统轴测图可看出,风管、部件及附属设备之间的相对位置的空间关系,以及风管、部件及附属设备的标高、各段风管的断面尺寸、(送)回(排)风口的形式和风量值等。图 7-52 为通风系统轴测图。

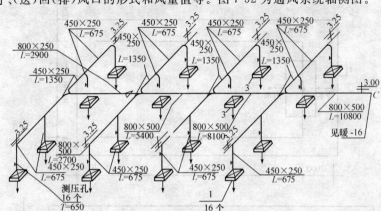

图 7-52　通风系统轴测图

绘制通风系统轴测图应注意下列事项：

(1)用单线或双线按比例绘制管道系统轴测图，标注管径、标高，在各支路上标注管径及风量，在风机出口段标注总风量及管径。由于双线轴测图制图工作量大，所以在用单线轴测图能够表达清楚的情况下，很少采用。

(2)按比例(或示意)绘出局部排风罩及送排风口、回风口，并标注定位尺寸、风口形式。

(3)管道有坡度要求时，应标注坡度、坡向，如要排水，应在风机或风管上表示出水管及阀门。

当系统较为复杂时会出现重叠，为使图面清晰，一个系统经常断开为几个子系统，分别绘制，断开处要标识相应的折断符号。也可将系统断开后平移，使前后管道不聚集在一起，断开处要绘出折断线或用细虚线相连。

5. 通风系统三视图

阅读空调通风系统施工图，要从平面图开始，将平面图、剖面图、系统透视图结合起来对照阅读，一般情况下可以顺着气流的流动方向逐段阅读。对于排风系统，可以从吸风口看起，沿着管路直到室外排风口。

识读图 7-53 所示的通风系统施工图。

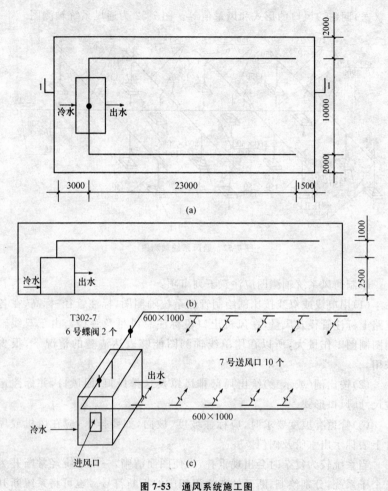

图 7-53　通风系统施工图

(a)系统平面图;(b)1-1 剖面图;(c)通风系统轴测图

(1)平面图识读。通过对平面图的识读,可知:该通风系统有一台空调器,空调器是用冷(热)水冷却(加热)空气的。空气从回风口进入空调机,经冷却或加热后,由空调器内通风机从顶部送出,空气出机后分为两路送往各用风点。风管总长度约为 56m。

(2)剖面图、轴测图识读。由图 7-51、图 7-52 所示的剖面图和轴测图上我们知道,风管是 600mm×1000mm 的矩形风管。风管上装 6 号蝶阀两个,图号为 T302-7。风管系统中共有 7 号送风口 10 个。从剖面图上可以知道,风管安装高度为 3.5m。

在实际工作中细读通风系统施工图时往往是平面图、剖面图、系统轴测图等几种图样结合起来一起识读,可以随时对照,一种图未表达清楚的地方可以立即看另一种图。这样既可以节省看图时间,又能对图纸看得深透,还能发现图纸中存在的问题。

二、通风系统施工图识读要点

(1)识读一张图时,应先看施工图的标题栏,其次是图名、图样及相关数据。通过标题栏,可以知晓名称、工程项目、设计单位以及图纸比例等。

整张图所注比例均应看清、记牢,切不可忽视。根据施工图目录,仔细清点图纸是否齐全;再看文字说明及主要设备、材料表,以便对整个工程的概况有个粗浅的了解。

(2)若阅读的是一张平面图,应特别注意与建筑物平面的关系,并应核对相关尺寸、数据是否相等,风管、送吸风口、调节阀及系统设备的位置与房屋结构的距离和各部位尺寸、标高是否合适,并对照系统轴测图与剖面图,看清风管系统分别各有几个送、排风与空调系统;各个系统的立体布置情况以及管道走向等情况。

(3)查看风管系统的设备、部件的规格、型号、数量与尺寸。

(4)在对通风与空调整个概况有了一定了解后,看各个系统的工程施工图,彻底看清风管系统的走向、口径变化及在房间口准确位置,为绘制各系统的加工草图和图纸会审做准备。

(5)对于系统中的设备、部件的具体安装位置及要求,则要根据图纸目录提供的详图或标准图集的图号仔细阅读,直到看清楚为止。对图纸上出现的剖切符号、节点图及大样图等,都应仔细阅读;对于图中出现的图例、数据也应仔细核对;对于定位尺寸、标高、管段长度、配件的相关尺寸应仔细看清,设备、系统风管纵、横走向与建筑物的关系、尺寸也要一一查对。

(6)对于相对复杂的系统或某一局部,风管、设备交叉、重叠难以辨认,则应反复地对照平面图、剖面图以及系统轴测图,结合文字说明,仔细、认真地识读。识读图纸的过程是由简到繁,由整体到局部,沿着气流方向,由主干管到分支,循序渐进的过程。

(7)在阅读图纸的过程中,通过反复核对、比较,若发现图纸存在问题时,应及时向工程技术负责人或项目负责人反映,指出问题所在,以便尽早与设计、监理、建设方联系,协商解决。个人不得自作主张或直接在正式图纸上涂抹,擅自更改相关尺寸。

三、通风空调工程施工图会审

通风空调工程的施工,除了要与安装专业的水暖、电气交叉外,还要与土建、装修、消防系统打交道。施工中各专业立体交叉是不可避免的。为了使风管、配件制作及风管、设备安装顺畅,避免风管与其他专业的管道设备的碰撞,造成材料、人工及工序的浪费,推迟工程进度现象的发生,施工图的会审就显得尤为重要。通过图纸会审,将图纸上存在的设计问题,提前到施工准备阶段解决,以减少工序的浪费,有利于加快施工进度,提高工程质量。图纸会审时应注意以下技术要点:

(1)认真核对本专业施工图配套是否齐全,有无残缺、破损;施工图中所引用的图例、规范与标准是否明确有效;各系统工作介质、热工参数、数据有无差错或遗漏。

(2)设计图纸对系统制作与安装的工艺要求是否合理,对于有特殊要求的系统或采用新材料、新工艺施工的系统,在施工图中或设计说明书中均应有详尽表述。

(3)详细对照主要材料表查看系统选用的设备、部件的数量、型号,核对有无遗漏。

(4)仔细检查风管与其他管路在空间的坐标位置、走向有无碰撞不妥之处;风管口径尺寸与变径尺寸有无矛盾;有坡度设计要求的是否合理等。

(5)土建施工时预留孔洞的位置与尺寸,预埋铁件有无遗漏,尺寸是否合适。管道井中、吊顶内的风管及其他管道设备排列与间隔是否合理。对系统检测与控制机构的操作与维修应提出具体要求。

(6)对风管、配件制作以及风管与设备安装,在图纸会审时,就应根据工程进度要求,排出相应日程安排,提出相应要求,以利于与其他专业交叉施工时,互相协调,有序施工。

第八章　建筑空调系统施工图识读

第一节　建筑空调系统

一、建筑室内空气参数

空气调节是指为满足生活生产要求、改善劳动卫生条件,用人工的方法使室内空气的温度、湿度、清洁度和气流速度达到一定要求的工程技术,简称空调。根据规范要求,对于高级民用建筑,当采用通风达不到舒适性温湿度标准时应设置空气调节;对于生产厂房及辅助建筑物,当采用通风达不到工艺对室内温、湿度要求时,应设置空气调节。

不同类型的建筑物,根据其性质、用途对空气环境提出各种不同的要求。因此,空气调节可分舒适性空气调节和工艺性空气调节。表 8-1 为部分民用与公用建筑内空调房间的室内空气参数。

表 8-1　　　　民用与公共建筑内空调房间的室内空气参数

建筑类别	房间类型	夏季		冬季	
		温度(℃)	相对湿度(%)	温度(℃)	相对湿度(%)
住宅	卧室与起居室	26~28	45~65	18~20	≥30
旅馆	客房	24~27	50~65	18~22	40~50
	宴会厅、餐厅	24~27	55~65	18~22	40~50
	娱乐室	25~27	40~60	18~20	40~50
	大厅、休息厅、服务部门	26~28	50~65	16~18	40~50
医院	病房	25~27	45~65	18~22	40~55
	手术室、产房	25~27	40~60	22~26	40~60
	检查室、诊断室	25~27	40~60	18~22	40~60

(续)

建筑类别	房间类型	夏季		冬季	
		温度(℃)	相对湿度(%)	温度(℃)	相对湿度(%)
办公楼	一般办公室	26~28	≤65	18~20	≥30
	高级办公室	24~27	40~60	20~22	40~60
	会议室	25~27	≤65	16~18	≥30
	计算机房	25~27	45~65	16~18	≥30
影剧院 化妆 休息厅	观众席	26~28	≤65	16~18	≥35
		25~27	≤65	16~20	≥35
	舞台	25~27	≤60	18~22	35
		28~30	≤65	16~18	—
学校	教师	26~28	≤65	16~18	
	礼堂	26~28	≤65	16~18	
	实验室	25~27	≤65	16~20	
图书馆 博物馆 美术馆	阅览室	26~28	45~65	16~18	≥30
	展厅	26~28	45~60	16~18	40~50
	珍藏、贮藏室	25~27	45~60	12~16	45~60
档案馆	缩微胶片库	20~22	30~50	12~16	30~50
体育馆	观众席	26~28	≤65	16~18	30~50
	比赛厅	26~28	≤65	16~18	—
	练习厅	26~28	≤65	16~18	—
	游泳池大厅	25~28	≯75	25~27	≯75
	休息厅	28~30	≤65	16~18	—
百货商店	营业厅	26~28	50~65	16~18	30~50
电视、广 播中心	播音室、演播室	25~27	40~60	18~20	40~50
	控制室	24~26	40~60	20~22	40~50
	节目制作室、录音室	25~27	40~60	18~20	40~50
饮食					

注:本表摘自《简明空调设计手册》.北京:中国建筑工业出版社,1998。

二、空调系统的分类

空调系统是泛指对室内空气进行加温、冷却、过滤或净化后,采用气体输送管道进行空气调节的系统。而在很多建筑室内将它们与通风系统结合起来,就构成了一个完善的空气调节体系,即空调系统。

(一)按所用介质分类

按负担室内负荷所用的介质不同,空气调节系统可分为全空气系统、全水系统、空气-水系统三种类型。

1. 全空气系统

全空气系统是指经过处理的空气负担空调房间的全部负荷。送风吸收余热、余湿后排出房间,如图 8-1 所示。全空气系统分为送风系统和回风系统两部分,主要由送、回风管道、空气处理设备、风口及其他配件组成。

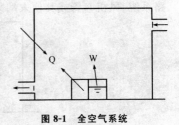

图 8-1　全空气系统

由图 8-1 可看出,全空气系统的基本工作原理:空气从房间通过回风管道送至空调机房,在空调机房内将空气处理到合适的温度和湿度,然后由送风管道通过风口送至各房间。

2. 全水系统

全水系统是指空调房间的负荷全部由水来负担,空调房间内设有风机盘管或其他末端装置,如图 8-2 所示。全水系统由冷热源、水泵、相关水处理设备、管路系统、室内末端装置构成。全水系统通常不能单独使用,因为全水系统不能解决房间的换气问题。

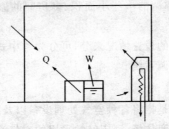

图 8-2　全水系统

由图 8-2 可看出，全水系统的基本工作原理：空调制冷机组（或热源）将冷冻水（或热水）处理到合适的温度，通过冷冻水（或热水）供水管送至各房间的风机盘管或其他末端装置，在末端装置中与室内空气进行热交换后，经冷冻水（或热水）回水管回到制冷机组（或热源）。冷却系统的任务是对制冷机组中的冷凝器进行降温，可分为水冷系统和风冷系统两类。

3. 空调-水系统

空气-水系统是指空调房间内的空调负荷由空气和水共同负担的空调系统，通常是指带有新风系统的水系统，如图 8-3 所示。空气-水系统主要设备包括新风机组、送风管道、空调冷热源、水泵、相关水处理设备、管路系统、风机盘管或其他末端装置。

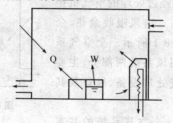

图 8-3　空调—水系统

由图 8-3 可看出，空气-水系统的基本工作原理是：靠新风来改善室内空气品质，而利用盘管来消除热湿负荷。

(二)按空气处理设备设置分类

风机盘管有较大的灵活性，各房间可独立调节，无人时可关闭不用，因而能节省运转费用。目前，已成为国内外高层建筑的主要空调方式之一。对于需要增设空调的一些小面积、多房间的原有建筑，采取这种方式也比较合适。

按空气处理设备的设置情况来分，可分为集中式空调系统、半集中式空调系统和局部式空调系统。

1. 集中式空调系统

集中式空调系统是指将各种空气处理设备以及风机都集中设在专用机房室，是各种商场、商住楼、酒店经常采用的空气调节形式，中央空调系统将经过加热、冷却、加湿、净化等处理过的暖风或冷风通过送风管道输

送到房间的各个部位,室内空气交换后用排风装置经回风管道排向室外
(图 8-4)。有空气净化处理装置的,空气经处理后再回送到各个住宅空
间,使室内空气循环达到调节室内温度、湿度和净化的目的。

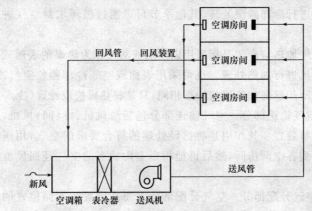

图 8-4　中央空气调节系统示意图

　　集中式空调系统的优点是作用面积大,便于集中管理与控制。其缺
点是占用建筑面积与空间,且当被调房间负荷变化较大时,不易精确调
节。集中式空调系统适用于建筑空间较大,各房间负荷变化规律类似的
场合,是一种大型工艺性和舒适性空调。

　　集中式空调系统可以看成由空气处理、空气输送和空气分配三个部
分组成。

　　(1)空气处理部分。空气处理部分是一个包含各种处理设备的空气
处理室。可以按设计图样在施工现场建造,其外壳多为砖制或钢筋混凝
土结构;也可以选用工厂制造的定型产品,外壳是钢板制成。空气处理室
各设备的功能简介如下:

　　1)新风入口是指新鲜空气从送风风道或设在墙上的百叶窗被吸入的
入口,百叶窗的作用是防止杂物或雨(雪)落入。在寒冷地区应设密闭的
保温窗,以防止系统停止运行时冻坏设备。

　　2)空气净化包括除尘、消毒、除臭和离子化等。其中,除尘是经常遇
到的。除尘处理通常使用过滤器。根据过滤效率的高低分为低效、中效
和高效过滤器。一般的空调系统,通常只设一级低效过滤器;有较高要求

时,设低效和中效两级过滤器;有超净要求时,在两级过滤后,再用高效过滤器进行第三级过滤。

3)空气加温与减湿处理可以在喷水室内完成,夏季在喷水室喷低凝水对空气进行冷却减湿处理,其他季节可以通过循环水对空气进行加湿处理。

4)空气加热与冷却是指采用以热水或蒸气作为热媒的表面式空气加热器对送风进行加热处理。也可采用表面或空气冷却器使空气冷却,表面或空气冷却器与加热器的构造相同,只是将热媒换成冷媒(冷水)而已。

(2)空气输送部分。空气输送部分包括送风机、排(回)风机、风道以及风量调节装置。其作用是将已经处理的符合要求的空气,用送风机通过风道送到各空调房间,然后再把相当室内状态的空气经回风道用排风机排出。

(3)空气分配部分。空气分配部分主要指设置在不同位置的各种类型的送风口、排(回)风口。其作用是合理地组织室内气流,保证房间内工作区的空气状态均匀。

(4)集中式空调系统除了三个组成部分外,还应有为空气处理部分服务的冷源、热源及输送热媒的管道系统。

2. 局部式空调系统

局部式空调系统就是采用空调器直接在空调房间内或其邻近地点就地进行空气调节的一种分散式调节系统,常见的如分体式空调器、壁挂式空调器、柜式空调器等,如图 8-5 所示。局部式空调系统适用于空调房间布置分散、面积较小,使用运行时间不同、对空气参数要求不一致的空调房间。

局部式空调系统是将处理空气的设备、冷热源、风机等整体地组合在一起的小型的,直接冷却(加热)空气的空调机组分别对各调房间进行空调。

目前,国产空调器的种类很多,常见的多为压缩式制冷循环机组。只用于夏季降温的机组称为冷风机组;冷冻设备可转换使用,夏季用来降温,冬季用来通风的机组称为热泵机组。

(1)压缩制冷机组。如图 8-6 所示,压缩制冷机组由压缩机、冷凝器、膨胀阀、蒸发器、过滤器、风机和电动机等组成。制冷剂(如氟利昂)在压缩机、冷凝器、膨胀阀、蒸发器之间循环,向室内提供冷空气。

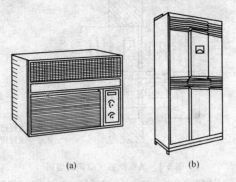

图 8-5　壁挂式空调器的结构

(a)窗台式;(b)立柜式

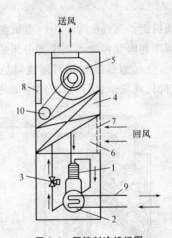

图 8-6　压缩制冷机组图

1—压缩机;2—冷凝器;3—膨胀阀;

4—蒸发器;5—风机;6—回风口;7—过滤器;

8—控制盘;9—冷水管;10—电动机

(2)热泵式空调机组。图 8-7 所示为热泵型窗式空调机组,它是一种可装在窗台上或墙壁中的小型机组。通过四通换向阀转换方向,夏季可降温减湿,冬季可以通风。

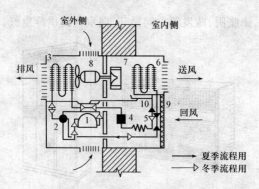

图 8-7　热泵型窗式空调机组图

1—全封闭式氟利昂压缩机；2—四通换向阀；3—室外侧盘管；

4—制冷剂过滤器；5—节流毛细管；6—室内侧盘管；7—风机；

8—电动机；9—空气过滤器；10—凝结水盘

（3）恒温恒湿空调机组。图 8-8 所示为恒温恒湿空调机组构造简图，该机组由空气处理、制冷和电气控制等三个部分组成，风管中设有电加热器。机组能够自动调节空气的温度和相对湿度，以满足房间四季恒温恒湿的要求。制冷压缩机只在夏季运行，冬季用电加热器供热。

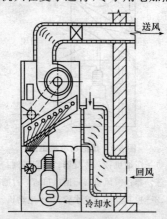

图 8-8　恒温恒湿空调机组

3. 半集中式空调系统

半集中式空调系统是将各种空气处理设备、风机或空调器都集中设在机房外,通过送风和回风装置将处理后的空气送至各个住宅空间,但是在各个空调房间内还有二次控制处理设备,它们可以对室内空气进行就地处理或对来自集中处理设备的空气再进行补充处理,又称为混合式系统。该系统有诱导式空调系统和风机盘管式空调系统两种形式。

(1)诱导式空调系统,如图 8-9 所示。

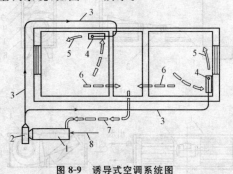

图 8-9　诱导式空调系统图

1—集中空气处理室;2—送风机;3—送风道;4—诱导器;
5—送风;6—回风;7—回风道;8—室外新风

由图 8-9 可看出,诱导式空调系统是以诱导器(图 8-10)作为末端装置的一种半集中式空调系统。诱导器是以集中处理后的空气(一次风)作为动力,诱导室内空气(二次风)循环,同时对空气进行加热或冷却处理。该系统由空气处理室、送风机和风道组成,基本上与集中式空调系统相同。

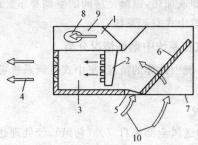

图 8-10　诱导器的构造及原理图

1—静压箱;2—喷嘴;3—混合段;4—送风;5—旁通风门;6—盘管;
7—凝结水盘;8——次风联接管;9—次风;10—二次风

（2）风机盘管式空调系统，如图 8-11 所示。

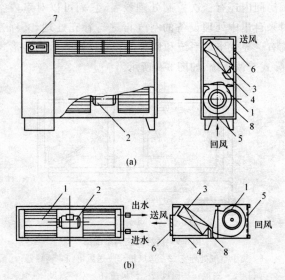

图 8-11　风机盘管机组
1—双送风低噪声离心风机；2—低噪声电动机；3—盘管；4—凝水管；
5—空气过滤器；6—出风格栅；7—控制器（电动阀）；8—箱体

由图 8-11 可看出，风机盘管机组主要设备有电动机、风机、盘管、凝水盘、空气过滤器和控制器。只要风机运转，就能促使室内空气循环流动，并通过盘管冷却或加热，以满足房间的空调要求。因冷热媒是集中供应，所以是一种半集中式空调系统。

（三）根据空气在系统中循环情况分类

根据空气在系统中循环的情况，集中式空调系统可分为直流式、封闭式和回风式系统。

1. 直流式系统

直流式系统的送风全部来自室外（新风），经处理达到要求后，送入空调房间，吸收余热余湿后全部排掉，如图 8-12（a）所示。该种系统送风洁净，但设备投资和运行费用大，适用于不允许有回风的、产生剧毒物质、病毒及散发辐射性有害物的空调房间。

2. 封闭式系统

封闭式系统的空气全部来自空调房间本身,而不再补给新鲜空气,因此房间和空气处理之间形成一个封闭回路,如图 8-12(b)所示。这种系统节约能源,但卫生条件差,适用于无人操作而需保持室内温、湿度的场所。

3. 回风式系统

回风式系统使用的空气一部分是室外新风,另一部分为室内回风。由回风机输送的回风,一部分由排风帽排到室外,另外一部分与新风混合,重新送入空调房间。回风系统还可分为一次回风系统和二次回风系统,如图 8-12(c)所示。该种系统冬季节约热量,夏季节约冷量,既经济又卫生,是集中式空调系统的常见形式。

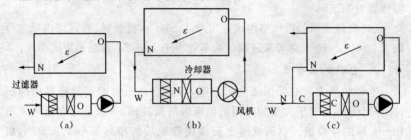

图 8-12　按处理空气来源不同对空调系统分类示意图

(a)直流式;(b)封闭式;(c)回风式

N—室内空气;W—室外空气;C—混合空气;O—冷却后空气状态

三、空调布置与敷设

1. 送风装置布置与敷设

送风装置口作用是采集室外新鲜空气供室内送风系统使用。根据送风装置位置不同,可分为高口型、送风塔型。两种送风口的设计应符合下列要求:

(1)送风口的高度应高出地面 2.50m,并应设在主导风向上风侧,设于屋顶上的送风口应高出屋面 1.00 以上,以免被风雪堵塞。

(2)送风口应设在空气新鲜、灰尘少、远离排气口的地方(距排气口水平距离≥10m)。

(3)送风口应设百叶格栅,防止雨、雪、树叶、纸片等杂质被吸入。在百叶格栅里还应设保温门作为冬季关闭送风口之用(只适用于北方地区)。

(4)送风口的大小应根据系统风量及通过送风口的风速 2.00～2.50m/s 来确定。

2. 排气装置布置

排气装置的作用是将排风系统中收集到的污浊空气排到室外。排气口经常设计成塔式安装于屋面。排气口的设计应符合下列要求:

(1)有自然通风系统须在竖排风道的出口处安装风帽以加强排风效果。

(2)当送、排风口都设于屋面时,其水平距离≥10m,并且送风口要低于排气口。

(3)排风口设于屋面上时应高出屋面 1.00m 以上,且出口处应设排风帽或百叶窗。

(4)自然通风的排风塔内风速可取 1.50m/s,机械送、排风塔内风速可取 1.50～8.00m/s,两者风速取值均不能小于 1.5m/s,以防止冷风渗入。

3. 空调机房布置

空调机组安装必须保证地面平整,而且空调机组的基础应高出地面 100～150mm。对于大型的空调机组应做防振基础,一般采用在机组下垫 10mm 厚的橡胶板。空调机组上面接完管道后的净高不小于 0.50m,机组的侧面净间距不小于 1.00m,以备维修和更换部件时有操作空间。

空调机组的排风口上应接帆布软连接,以减少机组的噪声和振动传到后部系统内。空调机房内的管道应符合工艺流程,而且要短而直,尽量和建筑配合,保证美观实用。空调机房内的热水和冷水管及风管,应进行保温,这样既保证减小冷热损失,冷水管表面也不会结露。空调机房设在地下室时,应设机械排风,小型机组按 3 次/h 换气次数计算,大型机组按 $V_c=0.44Q^{2/3}(m^3/h)$ 计算。空调机房内还应设给水和排水设施,以备清洗之用。

4. 空调管道布置

空调系统的风道包括送风管、回风管、新风管及排风管等。主风管内的风速一般为 8.00～10.00m/s,支风管内的风速 5.00～8.00m/s。风速太大,将发生很大的噪声。送风口的风速一般为 2.00～5.00m/s,回风口的风速一般为 4.00～5.00m/s。

为了便于和建筑配合,风管的形状一般选取矩形的较多,矩形管易和建筑配合而且占用空间也较小,钢制风管最大边长≤200m 时,壁厚取 0.5mm;最大边长在 250～500mm 之间时,壁厚取 0.75mm;最大边长在 630～1000mm 时,壁厚取 1.00mm,最大边长≥1250mm 时,壁厚取 1.20mm。

　　风管在布置时应尽量缩短管线,减小分支管线,避免复杂的局部构件,如三通、弯头、四通、变径等。根据建筑面积和室内设计参数的要求,合理布置风口的个数和风口的形式。风管的弯头应尽量采用较大的弯曲半径,通常取曲率半径 R 为风管宽度的 1.5～2.0 倍。对于较大的弯头在管内应设导流叶片。三通的夹角不小于 30°。风管渐扩的扩张角度小于 20°,渐缩管的角度应小于 45°。每个风口上应装调节阀。为防止火灾,在各房间的分支管上应装防火阀和防火调节阀。

　　风管和各构件的连接应采用法兰连接,法兰之间用 3～4mm 厚橡胶做垫片。

　　风机出风口与管道之间要用帆布连接,这样可减小振动和噪声。风机出口要有不小于管道直径 5 倍的直管段,以减小涡流和阻力。风管及部件的安装如图 8-13 所示。

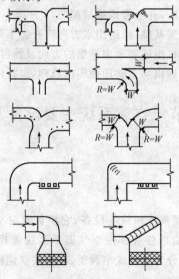

图 8-13　风管连接

(a)不正确做法;(b)正确做法

5. 管道与建筑的协调与配合

空调管道布置应尽可能和建筑协调一致，保证使用美观。

管道走向及管道交叉处，要考虑房屋的高度，对于大型建筑井字梁用得比较多。当井字梁的高度达 700～800mm 时，给管的布置带来很大的不便。同理，当管道在走廊布置时，走廊的高度和宽度都将限制管道的布置和敷设，设计和施工时都要加以考虑。

特别是当使用吊顶作回风静压箱时，各房间的吊顶不能互相串通，否则各房间的回风量得不到保证，很难使设计参数达到要求。

6. 空调设备与建筑的配合

(1)中央机房应采用二级耐火材料或不燃材料建造，并有良好的隔声性能。

(2)中央机房应尽量靠近冷负荷的中心布置。高层建筑有地下室时一般设在地下室。

(3)空调用制冷机多采用氟利昂压缩式冷水机组，机房净高不应低于 3～60m。

(4)中央机房内压缩机房一般与水泵房、控制室隔开，并根据具体情况，设置维修间及厕所，并应考虑事故照明。

(5)机组应做防振基础，机组出水方向应符合工艺的要求。

(6)对于溴化锂机组还要考虑排烟的方向及预留孔洞。

(7)对大型的空调机房还必须做隔声处理，包括门、天棚等。

第二节　空调系统主要设备及附件

一、空调设备

(一)空调机组

空调机组是空调系统和核心设备，它担负着对空气进行加热、冷却、加湿、试温、净化及输送任务。按空气调节系统规模大小或空气处理方式，空气处理设备可分为装配式空调器、整体式空调机组及组合式空调机组三大类。

1. 装配式空调器

装配式空调器也称组合式空调器。按不同的空调系统,又可分为一般装配式空调器、新风空调器及变风量空调器三种。

(1)一般装配式空调器。一般装配式空调器的用途广泛,除用于恒温恒湿空调系统外,还能用于舒适性空调系统和空气洁净系统,它包括各种功能段,可根据空气处理的过程来选用。图 8-14 所示为装配式空调器各功能段示意图。图 8-15 所示为 ZK 型装配式空调器。

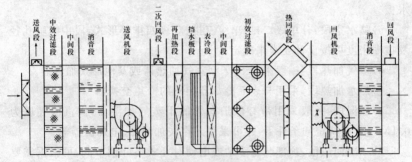

图 8-14　装配式空调器各功能段

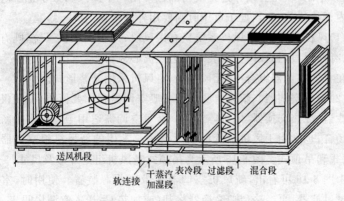

图 8-15　ZK 型装配式空调器

由图可看出:

1)新回风混合段:新风和回风量的大小按设计要求,由手动或电动对开式多叶调节阀控制。

2)初效空气过滤段:因生产厂家不同其配置也有差异,有的采用 ϕ25mm 粗孔聚氨酯泡沫塑料为滤料,以平放或人字形安装;有的采用 ϕ10mm 无纺布作为空气过滤器的滤料,制成口袋形;还有的设自动卷绕过滤器,其滤料采用无纺布卷材,当过滤滤网积尘阻力增大到一定值时,便能自动卷绕更换滤料。

3)中效空气过滤段:内装各种型号的中效过滤器。

4)表面冷却器段:内装有铜管铝片或铝轧管的冷热变换器,并装有挡水板。

5)喷水室段:分单级二排、单级三排、双级四排等形式,段中喷嘴孔径及喷嘴密度可按设计要求来确定。

6)蒸气加热段:一般采用 SRZ 型蒸气加热器或其他形式加热器。

7)热水加热段:采用与表面冷却器相同的冷热交换器。

8)加湿段:一般采用带有保护套管的干蒸气加湿器,供汽的表压为0.1MPa。在特定的条件下,还可采用超声波加湿器、电加湿器等。

9)二次回风段:顶部装有手动或电动对式多叶调节阀,可根据需要进行调节。

10)中间段:作为段体连接及内部检修用。中间段当处于正压时开启需用内开检修门,而当处于负压时则要用外开检修门。

11)风机段:用于单风机系统只有送风段;用于双风机系统,既有送风段,又有回风段,且段内一般装有双进风离心风机。

在有的空调器组合中,无风机段,将风机采用外装形式。

(2)新风空调器。新风空调器与一般空调器相比要简单,一般仅由空调过滤器、冷热交换器、风机等组成。新风空调器适用于各种采用新风系统的场合,也常用于风机盘管的新风系统。常用的新风机组空调器有卧式、立式和吊顶式。图 8-16 所示为吊顶式新风机组的外形及尺寸。

由图 8-16 可看出,新风机空调器不带冷热源装置。使用时,室外空气经过过滤器,再经冷(热)交换器冷却(或加热)后送入空调房间。

2. 整体式空调机组

整体式空调机组又称空调机组或风柜,是将制冷压缩冷凝机组、蒸发器、风机、加热器、加湿器、空气过滤器及自动调节和电气控制装置等组装在一个箱体内。制冷量范围一般在 7000~116300W,按其用途可分为恒

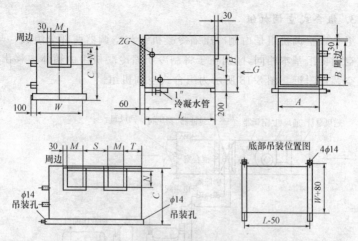

图 8-16　吊顶式新风机组空调器外形图

温恒湿空调机组（H 型）与一般空调机组（L 型）。恒温恒湿空调机组还可分为一般空调机组与机房专用机组。图 8-17 所示为整体式空调机组。

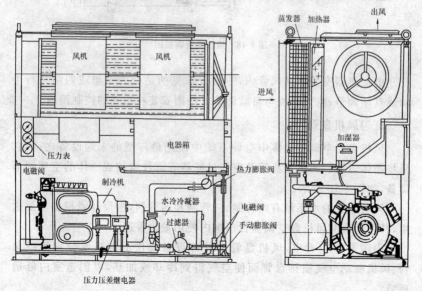

图 8-17　整体式空调机组

3. 组合式空调机组

组合式空调机组是由制冷压缩冷凝机组与空调器两部分组成。与整体式空调机组基本相同,区别在于将制冷压缩冷凝机组由箱体内移出,安装在空调器附近。图 8-18 所示为组合式空调机组。

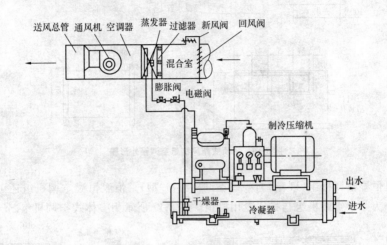

图 8-18　组合式空调机组

电加热器安装在送风管内,一般较常见的是分为三组或四组进行手动或自动调节;电气装置与自动调节组件则安装在单独的控制箱内。

(二)风机盘管

风机盘管空调器是集中空调系统中使用最广泛的末端设备之一,它是将箱体、风机、换热器盘管及空气过滤器等部件组装成一体的空气调节设备,如图 8-19 所示。

风机盘管的水系统有两管制、三管制和四管制,由设计者根据需要选用,其中两管制风机盘空调器目前国内使用最为普遍。

由图 8-19 可看出,风机盘管由外部设备提供的冷热水分别流经盘管、风机驱动空气横排盘管而使空气得到冷却或加热,以创造室内舒适环境。

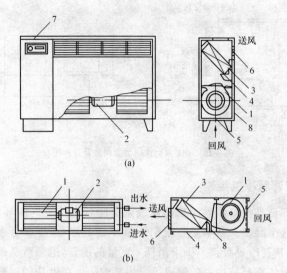

图 8-19 风机盘管组成

(a)立式明装;(b)卧式暗装(控制器装在机组处)

1—离心式风机;2—电动机;3—盘管;4—凝水盘;5—空气过滤器;

6—出风格栅;7—控制器(电动阀);8—箱体

(三)变风量末端设备

一个完整的变风量系统,由空气处理设备、中压送风管道系统、末端变风量装置和自动控制系统组成。VAVBOX 又称为 VAV 末端装置,是变风量系统的关键设备,通过它来调节送风量,补偿变化着的室内负荷,维持室温。有的末端装置还和送风散流器联成一体。

变风量系统的送风系统,一般采用中速中压送风系统,与末端装置连接的支风管一般采用耐压的圆形风管。一个变风量系统运行成功与否,在很大程度上取决于所选用的末端装置性能的好坏。

图 8-20 所示为 45T 系列末端装置构造及外形图。

由图 8-20 可看出,变风量系统(VAV)工作原理为固定送风温度,改变送风量,即系统内部风口的风量均按一定的控制要求在运行过程中不断调整,以满足不同的使用要求。

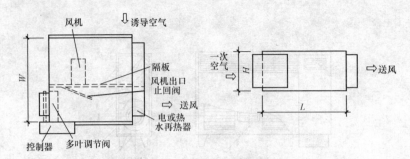

图 8-20　45T 系列末端装置构造及外形图

二、空调制冷机组

"制冷"就是使自然界的某物体或某空间达到低于周围环境温度,并使之维持这个温度。其本质是根据能量守恒定律,这些取出来的热量不可能消失,其制冷过程就是一个消耗一定量的能量,把热量从低温物体转移到高温物体或环境中去的过程。所消耗的能量在做功的过程中也转化成热量同时排放到高温物体或环境中去。

实现这种不同压力变化的过程,必定要消耗功。根据实现这种压力变化过程的途径不同,制冷形式主要可分为压缩式、吸收式和蒸气喷射式三种。目前,采用得最多的是压缩式制冷和吸收式制冷。

1. 压缩式制冷循环原理

压缩式制冷循环是由制冷压缩机、蒸发器、冷凝器和膨胀阀四个主要部件组成的,并由管道连接,构成一个封闭的循环系统,如图 8-21 所示。

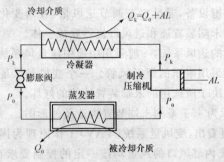

图 8-21　压缩式制冷循环原理图

由图 8-21 可看出,制冷剂在制冷系统中经历蒸发、压缩、冷凝和节流四个主要热力过程。

(1)低温低压的液态制冷剂在蒸发器中吸取了被冷却介质(如水或空气)的热量,产生相变,蒸发成为低温低压的制冷剂蒸气。在蒸发器中吸收热量 Q_0。单位时间内吸收的热量也就是制冷机的制冷量。

(2)低温低压的制冷剂蒸气被压缩机吸入,经压缩成为高温高压的制冷剂蒸气后被排入冷凝器。在压缩过程中,压缩机消耗了机械功 AL。

(3)在冷凝器中,高温高压的制冷剂蒸气被水或环境空气冷却,放出热量 Q_k,相变成为高压液体,放出的热量相当于在蒸发器中吸收的热量与压缩机消耗的机械功转换成为热量的总和,即

$$Q_k = Q_0 + AL$$

2. 吸收式制冷循环原理

吸收式制冷循环原理与压缩式制冷基本相似,不同之处是用发生器、吸收器和溶液泵代替了制冷压缩机。吸收式制冷不是靠消耗机械功来实现热量从低温物体向高温物体的转移,而是靠消耗热能来完成这种非自发的过程,如图 8-22 所示。

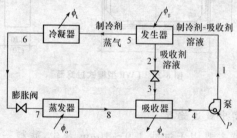

图 8-22　吸收式制冷循环原理图

由图 8-22 可看出,在吸收式制冷机中,吸收器相当于压缩机的吸入侧,发生器相当于压缩机的压出侧。低温低压液态制冷剂在蒸发器中吸热蒸发成为低温低压制冷剂蒸气后,被吸收器中的液态吸收剂吸收,形成制冷剂—吸收剂溶液,经溶液泵升压后进入发生器。在发生器中,该溶液被加热、沸腾,其中沸点低的制冷剂变成高压制冷剂蒸气,与吸收剂分离,然后进入冷凝器液化、经膨胀阀节流的过程大体与压缩机制冷一致。

三、空气过滤器

空气过滤器的作用是将室外或某一空间的含尘空气,经过过滤净化后,使送达室内的空气达到一定的洁净度,以满足生产工艺或舒适生活的需求。

按空气尘粒径分组计数频率和阻力性能指标分类,有粗效过滤器、高中效过滤器、亚高效过滤器和高效过滤器。

1. 粗效过滤器

粗效过滤器主要用于过滤 $10\sim100\mu m$ 的大颗粒灰尘,滤料一般采用金属网格(如 LWP 型)、聚氨酯泡沫塑料(如 M 型、WC 型)、无纺布(如 CWA 型、CWB、KTC 型)等。过滤器的构造形式有框式、袋式、自动卷绕式及静电除尘等。图 8-23 为 LWP 型框式过滤器。

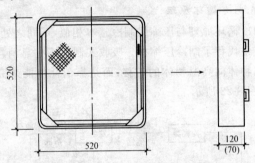

图 8-23　LWP 型框式过滤器

2. 中效、高中效过滤器

中效过滤器主要用于过滤 $1.0\sim10\mu m$ 灰尘,滤料一般采用泡沫塑料、玻璃纤维、涤纶无纺布等,常做成抽屉式或袋式,如图 8-24 所示。适用于尘粒径大于 $1.0\mu m$,大气尘计数效率在 $20\%\sim70\%$ 的场合。

高中效过滤器则主要用于尘粒径在 $5\mu m$ 以下的大部分灰尘,滤料一般采用混合滤料(纤维 80% 与超细玻璃 20%)或玻璃纤维等。对粒径大于 $1.0\mu m$ 的尘粒,大气尘计数效率在 $70\%\sim99\%$。

3. 亚高效过滤器

亚高效过滤器主要用于过滤 $5\mu m$ 以下的大部分灰尘,滤料一般用混合滤料或超细聚丙烯纤维等。其效率仅次于高效过滤器,对粒径大于

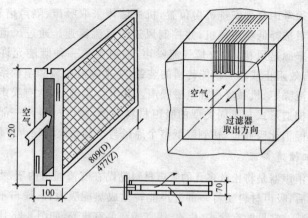

图 8-24　抽屉式玻璃纤维过滤器

0.5μm 的尘粒,大气尘计数效率为 95%～99.9%。

亚高效过滤器可作为 10 万级洁净室超净厂房的终端装置,也可作为高级洁净室的中间过滤器。

4. 高效过滤器

高效过滤器主要用于过滤小粒径的灰尘。滤料一般采用超细玻璃棉纸,其结构形式有普通型、刀架式、无隔板式、两分隔板式等,适用于净化级别要求高的净化间、净化工作台终端空气处理装置,其计数效率大于99.97%。如图 8-25 所示。

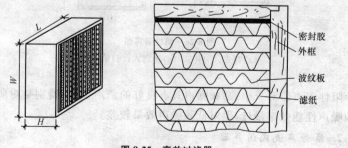

图 8-25　高效过滤器

四、消声器

在所有降低噪声的措施中,最有效的是削弱噪声源。因此在设计机房时就必须考虑合理安排机房位置,机房墙体采取吸声、隔声措施,选择风机时尽量选择低噪声风机,并控制风道的气流流速。通过风道传递噪声的主要来源是风机,其次是气流噪声,消声器是一种既能允许气流通过,又能有效阻止或减弱声能传播的装置,用来降低通风和空调系统运转产生的气流噪声、机械噪声和电磁噪声。其工作原理是,含有噪声的气流通过不同构造形式与不同类型的吸声材料摩擦,吸声材料将一部分声能转化为热能消化吸收掉,达到降低整个通风与空调系统的噪声声量值。

1. 阻性消声器

阻性消声器是将松散多孔的吸声材料粘贴在气流通道内壁,当声波进入消声器后,吸声材料便将一部分声能转化成热能吸收掉,噪声不断地被吸收而衰减。常见的有管式、片式、迷宫式和单室式等,如图 8-26 所示。

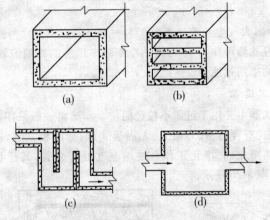

图 8-26　阻性消声器
(a)管式;(b)片式;(c)迷宫式;(d)单室式

阻性消声器对于中、高频噪声具有良好的消声性能,特别是对刺耳的高频噪声性能效率最佳,但对低频噪声效果较差。

2. 弧形声流式消声器

弧形声流式消声器是将吸声片横截面加工成正弦波形,从而构成近似正弦波形的通道。它既增加了声波的反射次数,又可使空气阻力较小。常用弧形声流式消声器如图 8-27 所示。此种消声器由钢板外壳,1 号、2 号、3 号消声片及盖板组成。

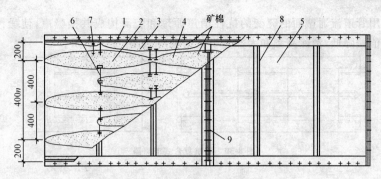

图 8-27　弧形声流式消声器(2 型双节)

1—钢板外壳;2—1 号消声片;3—2 号消声片;4—3 号消声片;
5—盖板;6—连接消声片的长螺栓;7—与底板固定的螺栓;
8—加筋角钢;9—连接法兰

3. 抗性消声器

抗性消声器又称膨胀式消声器,是利用管道内截面突变,使沿管道传播的声波向声源方向反射回去,而起到消声作用,如图 8-28 所示。它对低频噪声有良好的消声效果。抗性消声器由扩张室和连接管串联组成,有单节扩张室、多节扩张室和带外接管扩张室、带内接管扩张室等组成。

共振式消声器属于抗性消声器,是由一段开有若干小孔口管道和一个密闭空腔所构成。空腔的空气柱和小孔组成一个弹性系统,有一个固有频率。当入射噪声频率与其固有频率相等时,将引起空气柱共振,空气柱小孔壁发生剧烈摩擦而消耗声能,如图 8-29 所示。

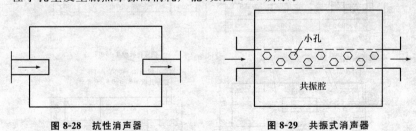

图 8-28　抗性消声器　　　　　　　图 8-29　共振式消声器

4. 阻抗复合式消声器

阻抗复合式消声器由钢板外壳、钢板内管、隔断钢板、阻性消声片等组成,此消声器吸收了阻式、抗式及共振性消声器的优点,从低频到高频都具有良好的消声效果。它利用内管多孔吸声材料的阻性消声原理,又利用管道流通截面的突变的抗性消声原理和腔面构成共振吸声,使噪声声值被降低,消除高频和大部分中频的噪声,如图 8-30 所示。

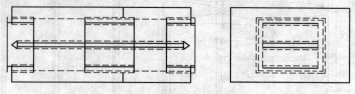

图 8-30 阻抗复合式消声器

阻性消声片是用木筋、密度为 $18kg/m^3$ 的超细玻璃棉毡和无碱玻璃纤维布钉制而成,它对中高频等噪声具有良好的吸声效果。隔断钢板则将内外管之间的空隙分割成 3 个(1~4 号)或 2 个(5~10 号)膨胀室。

5. 微穿孔板式消声器

微穿孔板式消声器适用于高风速、高洁净度等的一些特殊场合空调系统,由于不能采用纤维性的吸声材料,故可采用在金属板上加工出 0.8mm 左右的微孔,组装成微穿孔板式消声器。它工作时不起尘,不怕高温气流的冲击,且具有消声频率宽、良好的消声效果。图 8-31 所示为几种不同形式微穿孔板消声器。

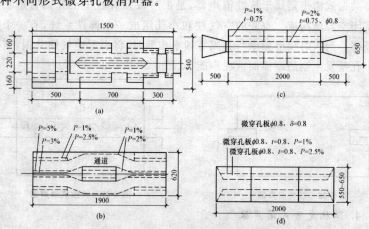

图 8-31 微穿孔板消声器

(a)微穿孔板消声器;(b)声流式微穿孔板消声器;
(c)阻抗微穿孔板消声器;(d)微穿孔板矩形消声器

五、风口

空调系统常用百叶送风口(单、双、三层等)、圆形或方形散流器、送吸式散流器、流线型散流器、送风孔板及网式回风口等。

1. 百叶式送风口

百叶式送风口是空调系统常用的风口,根据风口的结构不同,百叶式送风口有单层、双层、三层百叶式送风口和带调节板活动百叶送风口等多种形式。百叶式送风口由边框和若干叶片组成,叶片和边框铆接。

(1)单层百叶式送风口作为一般的风口使用,其叶片水平布置,可以改变通风面积,进行风量调节,但不能有效地控制风速,通风量和气流方向的改变相互干扰,如图 8-32 所示。

(2)双层百叶式送风口常常使用在要求较高、需要调节风口气流速度和气流方向垂直角度的空调系统中,其叶片互相垂直,可以在任何方向调节气流方向,在一定程度上控制风量。如图 8-33 所示。

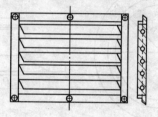

图 8-32　单层百叶风口

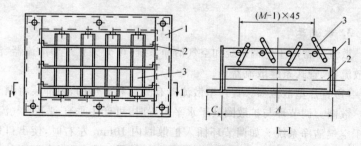

图 8-33　双层百叶式送风口

1—外框;2—前叶片;3—后叶片

（3）三层百叶式送风口常常使用在要求更高、需要调节风口气流速度和气流方向角度的空调系统中，其叶片分前、中、后三层，相邻层的叶片相互垂直，既可改变气流方向，又可以改变气流速度，风量和气流方向可以单独调节。调节后叶片可调节风口气流速度，调节前、中层叶片可调节风口气流角度。

以上三种风口均可安装在风管及其末端或墙上，安装在墙上时，应预留 40mm×40mm 木框，木框内边的预留墙洞及尺寸为 $(A+10)×(B+10)$ (mm)。

2. 圆形网板回风口

圆形网板回风口适用于平顶回风，采用扁钢法兰或角钢法兰与风管连接。圆形网板回风口的外壳，采用铝合金型材制作，网板采用菱形、铝板网，如图 8-34 所示。

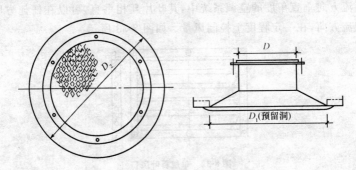

图 8-34　圆形网板回风口

3. 散流器

散流器常用于空调系统和空气洁净系统，可分为直片型散流器、流线型散流器、管式条缝散流器等。

（1）直片型散流器。直片型散流器有圆形和方形的，内部装有调节环和扩散圈。调节环与扩散圈处于水平位置时，可产生垂直向下的气流型，用于空气洁净系统。如调节环插入扩散圈内 10mm 左右时，使出口处的射流轴线与顶棚间的夹角小于 50°，可形成贴附气流，用于空调系统。直片型散流器的构造如图 8-35 所示。

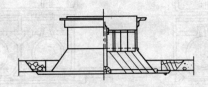

图 8-35 直片型散流器

（2）流线型散流器。流线型散流器的叶片竖向距离，可根据要求的气流流型进行调整，当叶片调整至图 8-36 所示的状态，形成垂直向下的气流流型，可用于洁净系统；当叶片调整至与顶棚平齐，形成贴附气流，可用于恒温恒湿空调系统。流线型散流器的壳体和叶片为曲线形，须采用模具冲压成型。

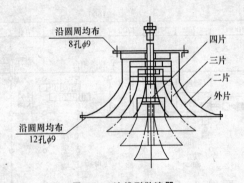

图 8-36 流线型散流器

（3）管式条缝散流器。管式条缝散流器主要由矩形壳体、内藏圆管、调节杆及支架等组成。

由管式条缝散流器吹出的气流方向通过旋转内藏的圆管，能够调节成垂直 0°（下送）、左右 45°、左右 90°（贴附）等五种方向，气流呈空气幕状。气流吹出的方向为垂直时，气流到达距离较长，适用于供冷、采暖或高天棚场合；气流吹出的方向为 45°或水平时，气流到达距离较短，适用于供冷或低天棚场合。管式条缝散流器的外形如图 8-37 所示。

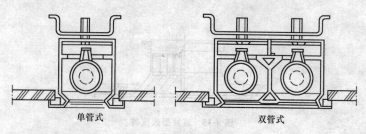

单管式　　　　　双管式

图 8-37　管式条缝散流器

六、防火排烟阀

图 8-38 所示为防火分区与空调系统结合实例图。空调系统的服务范围横向应与建筑上的防火一致,纵向不宜超过 5 层。空调风道应尽量避免穿越分区,风道不宜穿过防火墙和变形缝。

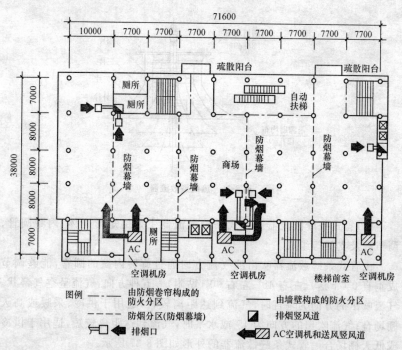

图 8-38　防火分区和空调系统结合实例

　　防烟阀是由烟感器信号控制自动关闭的风门,可由电动机或电磁机驱动。防火阀上装有易熔合金温度熔断器,当管道气流温度达到一定温度时(一般为280℃),熔断器熔断关闭阀门,切断气流,防止火焰蔓延。

　　排烟阀安装在排烟道或排烟口上,平时处于关闭状态,火灾发生时,自动控制系统使排烟阀迅速开启,同时联动排烟风机等相关设备进行排烟。

　　将防烟阀或排烟阀加上易熔合金,则可使之兼起防火作用,成为防烟防火风阀或排烟防火风阀。

　　图8-39所示为一种防火防烟调节阀的外形示意。此类阀适用于设有烟感器自动报警控制的空调系统,其关闭装置与烟感器联动,烟感器发出的信号可迅速关闭阀门,切断气流,防止烟气蔓延。

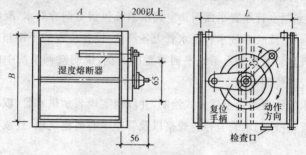

图8-39　矩形防烟防火阀外形图

第三节　空调工程施工图识读

一、施工图识读实例

　　下面以某大厦二层会议厅的空调施工图为例说明空调工程施工图的识读方法。

1. 平面图识读

空调通风系统平面图主要说明通风空调系统的设备、系统风道、冷/热媒管道、凝结水管道的平面布置,它主要包括下述内容。

(1)空调通风风管布置平面图。在通风空调系统中,平面图上表明风管、部件及设备在建筑物内的平面坐标位置。一般应按下列要求绘制:

1)风管系统一般以双线绘出,包括风管的布置、消声器、调节阀、防火阀各部件设备的位置等,并且注明系统编号,送、回风口的空气流动方向。

2)风管按比例用中粗双线绘制,并注明风管与建筑轴线或有关部位之间的定位尺寸。

3)标注风管尺寸时,只注两风管变径前后尺寸。

4)风管立管穿楼板或屋面时,除标注布置尺寸及风管尺寸外,还应标有所属系统编号及走向。

5)风管系统中的变径管、弯头、三通均应适当地按比例绘制。

(2)空调水管布置平面图。空调水系统包括空调冷热水、凝结水管道等,必须画出反映系统水管及水管上各部件、设备位置的平面布置图。下面以风机盘管系统的水系统平面布置图为例,说明空调系统中的水系统平面布置图绘制规则:

1)水管一般采用单线方式绘制,并以粗实线表示供水管,以粗虚线表示回水管,并注明水管直径与规格以及管径中心离建筑墙、柱或有关部位的尺寸。

2)供水管、回水管、凝水管等应标注其坡度与坡向。

3)风机盘管、管道系统相应的附件采用中粗实线按比例和规定符号画出,如遇特殊附件则按自行设计的图例画出。

4)系统总水管供多个系统时,必须注明系统代号与编号。

此外,对于应用标准图集的图纸,还应注明所有的适用图、标准图集引号。对于恒温、恒湿房间,应注明房间各参数的基准值和精度要求。

当建筑装修未确定时,风管和水管可先画出单线走向示意图,注明房间送、回风量或风机盘管数量、规格,待建筑装修确定后,再按规定要求绘制平面图。对改造工程,由于现场情况复杂,可暂不标注详细定位尺寸,但要给出参考位置。

(3)空调冷冻机房平面。冷冻机房平面图的内容主要有:制冷机组的型号与台数及其布置;冷冻水泵、冷凝水泵、水箱、冷却塔的型号与台数及其布置;冷(热)媒管道的布置;各设备、管道和管道上的配件(如过滤器、阀门等)的尺寸大小和定位尺寸。

空调冷冻机房平面图必须反映空气处理设备与风管、水管连接的相互关系及安装位置,同时应尽可能说明空气处理与调节原理。一般含下列内容:

1)空气处理设备:应注明机房内所有空气处理设备的型号、规格、数量,并按比例画出其轮廓和安装的定位尺寸。空调机组宜注明各功能段(风机段、表冷段、加热段、加湿段、混合段等功能)名称、容量。

2)风管系统:各送风管、回风管、新风管、排风管等采用双线风管画法,注明与空气处理设备连接的安装位置,对风管上的设备(如管道加热器、消声设备等)必须按比例根据实际位置画出,对于各调节阀、防火阀、软接头等可根据实际安装位置示意画出。

3)水(汽)管系统:采用单粗线绘制,如机房水汽管并存,则采用代号标注区分之。所画系统应充分反映各水(汽)管与空气热湿处理设备之间的连接关系和安装位置,对于管道上附件(如水过滤器、各种调节阀等)可按比例画出其安装位置。

4)轴线的尺寸:绘出连接设备的风管、水管位置及走向,注明尺寸、管径、标高。标注出机房内所有设备和各种仪表、阀门、柔性短管、过滤器等管道附件的位置。

【例 8-1】 某大厦二层会议厅空调平面图

由图 8-40 可看出,空调箱 1 等布置在机房内(在图的左侧),通风管道从空调箱 1 起向后分四条支路延伸到会议厅右端,通过散热器 4 向会议厅输送经过处理的风。空调机房南墙设有新风口 2,尺寸为 1000mm×1000mm,通过变径接头与空调箱 1 连接,连接处尺寸为 600mm×600mm,空调系统由此新风 U2 从室外吸入新鲜空气以改善室内的空气质量。在空调机房右墙前侧设有回风口,通过变径接头与空调箱连接,连接处尺寸为 600mm×600mm,新风与回风在空调箱 1 混合段混合,经冷却、加热、净化等处理后由空调箱顶部的出风口送至送风干管。

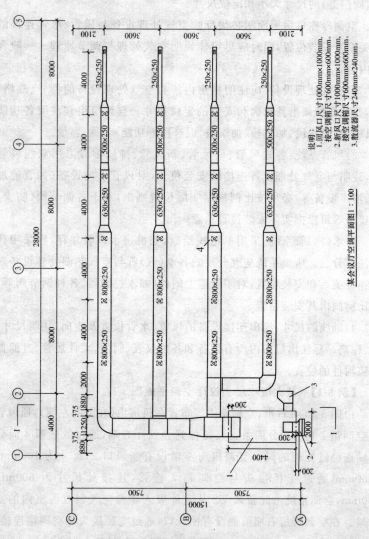

图 8-40 某大厦二层会议厅空调平面图

1—空调箱；2—新风口；3—回风口；4—散流器

空调箱 1 距前墙 200mm、距左右墙各 880mm,空调箱 1 的平面尺寸为 4400mm×2000mm。

其他尺寸读法相同。送风干管从空调箱 1 起向后分出第一个分支管,第一个分支管向右通过三通向前分出另一个分支管,前面的分支管向前后、向右。送风干管再向后又分出第二个送风分支管。四路分支管一直通向右侧。在四路分支管上布置有尺寸为 240mm×240mm 的散流器 4。

管道尺寸从起始端到末端逐渐缩小。

2. 剖面图识读

常见的有空调通风系统剖面图、空调机房剖面图、冷冻机房剖面图等,经常用于说明立管复杂、部件多以及设备、管道、风口等纵横交错时垂直方向上的定位尺寸。

【例 8-2】 某大厦二层会议厅空调剖面图。

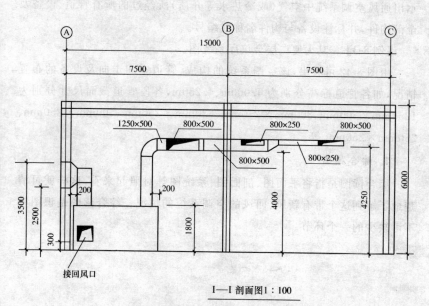

I—I 剖面图1：100

图 8-41　某大厦二层会议厅空调剖面图

由图 8-41 可看出,空调箱的高度为 1800mm,送风干管从空调箱上部接出,送风干管截面尺寸分别为:1250mm×500mm、800mm×500mm、800mm×250mm,高度分别为 4000mm、4250mm。三路分支管从送风干管接出,前一路接口尺寸为 800mm×500mm,后两路接口尺寸为 800mm×250mm。该剖面图上可以看出三个送风支管在这根风管上接口的位置图上用标出。在图上标有新风口、回风口接口的高度及其他相关尺寸等。

3. 系统图识读

空调系统轴测图主要有空调水系统轴测图和空调风系统轴测图。

(1)空调水系统轴测图。空调水系统的轴测一般用单线表示,基本方法和采暖系统相似。联系平面图与轴测图一起识图,能帮助理解空调系统管道的走向及其与设备的关联。

(2)空调风系统轴测图。空调风系统轴测图一般应包括下列内容:表示出通风空调系统中空气(或冷热水等介质)所经过的所有管道、设备及全部构件,并标注设备与构件名称或编号。

【例 8-3】　某大厦二层会议厅系统图。

由图 8-42 可看出,该空调系统的构成、管道空间走向及设备的布置情况,如各管道标高分别为 4.000m、4.250m,各段管道截面尺寸分别为1250mm×500mm、800mm×250mm、630mm×250mm、500mm×250mm、250mm×250mm 等。

4. 综合读图

综合读图是指将平面图、剖面图、系统图等对照起来看,这样就可清楚地了解到这个带有新风、回风的空调系统的情况。综合读图是识图中不可缺少的一个环节。

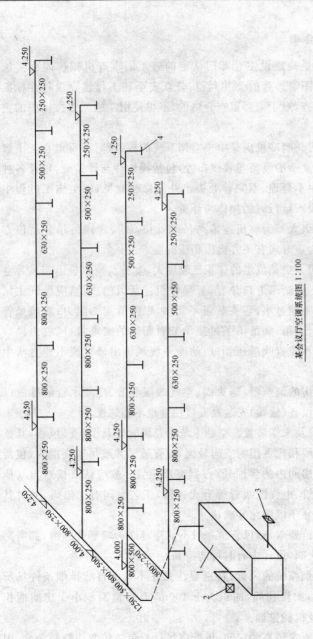

某会议厅空调系统图 1:100

图8-42　某大厦二层会议厅系统图

1—空调箱；2—新风口；3—回风口；4—散流器

二、施工图会审

施工图审查是指建设主管部门认定的施工图审查机械按照有关法律、法规，对施工图牵涉到的公共利益、公众安全和工程建设强制性标准的内容进行的审查，对于未经审查合格的，不得使用。施工图会审中的重点注意事项：

(1)制冷机房。制冷机房是中央空调系统的核心部位，重点在于了解机房内密集而又复杂的设备与管线布置，包括操作件与计量表，以及各种支(吊)架，对其中不合理、不完善处提出补充修改意见，以免施工过程中返工，或影响到投产运行时的操作与计量。

由于制冷机组大都为整机运输与吊装就位，故应考虑好吊装就位方案，且在施工图会审时向有关方提出相应的要求。

(2)空调机房。空调机组的体积比较庞大，要重点校核机组与风管空间布置是否合理，如新风进口位置，要确保引进新风的质量；应保证主风管弯头曲率半径不能过小，弯头数量不能多，以降低局部阻力；新风风管的截面不能过小，否则，满足不了过渡季节对新风的需求量；风机出风口的气流方向设计不能直吹静压箱壁；洁净系统风机出口气流不能直吹中效过滤器等。

对于空调机房的消声器、防火阀、空气加湿装置、冷凝水管的排放以及室内地漏等的设备(管线)安装及安装位置也不能忽视。

(3)空调风管及末端装置。空调系统中总风管以及干(支)风管，其截面尺寸与其他管线相比占用的空间最大，在管道竖井或吊顶夹层内，包括从吊顶夹层进入房间内的界面处，占据突出位置。故应认真核对与其他管线，如消防、水管、电气配线管等有无碰撞，工艺空间有无障碍，并对其中不甚明确的尺寸予以细化并确认。

按照消防规范要求，通风管道一般不能穿越防火墙和伸缩缝，如需穿越，必须增设防火阀，设计中有时可能遗漏。

对于防烟排烟系统的风管，特别要注意在不具备自然排烟条件场所的排烟风口装置，如楼梯间，面积大于 $100m^2$ 且外窗面积小于房间面积2%的房间应增设机械排烟。

对于舒适感要求较高的房间，风管应尽量避免急转弯或管径急变，因空气涡流容易导致风管管壁振动而产生较大的噪声;送风口与排风口的设计应使房间内形成较好的气流组织,避免冷(热)风直接吹在人体上;房间内应设置带风量调节的风阀。

对有洁净度要求的空调系统,除始末端外,每间隔一定距离,在管网中应预留清扫人孔,避免安装完毕后再开孔。

(4)空调水系统。空调水系统包括冷冻水系统和冷凝水系统两部分。首先要查看管道走向是否合理,较大的系统大都为同程序,有时在回路中还设置有平衡阀,以利于各环路的水力平衡,保证所有的制冷末端设备发挥应有的功能。最高点应设排气阀,最低点应设排污阀。主要设备及控制阀前应装有水过滤器,管道的坡度、坡向应符合规范标准要求。以上这些都是保证系统正常运行,防止发生气塞、堵塞的必要条件。为此,要认真核对施工图中各种管道、水泵及其他设备的标高有无矛盾,以保证施工正常进行。对于细小问题也应重视,如支架位置、空调器冷凝水排放、冷凝水排水管在接入排水沟时有无水封等。

(5)与中央空调有关的专业图。一个完整的中央空调系统包括有给排水、供电与接地,自动化仪表控制等系统,并且与土建装修、消防等专业系统密切相关。为此,应该认真对照并复核相关专业的施工图,必要时要相互协调,以免在施工过程中发生矛盾,或在调试过程中发生问题。

对于不同用途的建筑物,也要考虑到各自不同的特殊要求,在施工图会审中予以明确是十分必要的。

第九章 计算机制图

第一节 AutoCAD 概述

计算机辅助设计(CAD-Computer Aided Design)指利用计算机及其图形设备帮助设计人员进行设计工作。

一、发展历程

CAD(Computer Aided Design)诞生于 60 年代,是美国麻省理工大学提出了交互式图形学的研究计划,由于当时硬件设施的昂贵,只有美国通用汽车公司和美国波音航空公司使用自行开发的交互式绘图系统。

70 年代,小型计算机费用下降,美国工业界才开始广泛使用交互式绘图系统。

80 年代,由于 PC 的应用,CAD 得以迅速发展,出现了专门从事 CAD 系统开发的公司。

CAD 的实现技术从那个时候起经过了许多演变。这个领域刚开始的时候主要被用于产生和手绘的图纸相仿的图纸,计算机技术的发展使得计算机在设计活动中得到更有技巧的应用。随着电脑科技的日益发展,性能的提升和更便宜的价格,许多公司已采用立体的绘图设计。以往,碍于电脑性能的限制,绘图软件只能停留在平面设计,欠缺真实感,而立体绘图则冲破了这一限制,令设计蓝图更实体化。

二、系统组成

通常以具有图形功能的交互计算机系统为基础,主要设备有:计算机主机,图形显示终端,图形输入板,绘图仪,扫描仪,打印机,磁带机,以及各类软件。

(1)工程工作站。一般指具有超级小型机功能和三维图形处理能力的一种单用户交互式计算机系统。它有较强的计算能力,用规范的图形软件,有高分辨率的显示终端,可以联在资源共享的局域网上工作,已形成最流行的 CAD 系统。

(2)个人计算机。PC 系统价格低廉,操作方便,使用灵活。

(3)图形输入输出设备。除了计算机主机和一般的外围设备外,计算机辅助设计主要使用图形输入输出设备。交互图形系统对 CAD 尤为重要。图形输入设备的一般作用是把平面上点的坐标送入计算机。常见的输入设备有键盘、光笔、触摸屏、操纵杆、跟踪球、鼠标器、图形输入板和数字化仪。

(4)CAD 软件。除计算机本身的软件如操作系统、编译程序外,CAD 主要使用交互式图形显示软件、CAD 应用软件和数据管理软件 3 类软件。

(5)辅助模型。常用的 CAD 软件软件会提供一些模型,但更多的模型需要从网上获取,帮助我们提升设计效率。

对于专业企业,因为绘制内容不同,还常存在有多种 CAD 系统并行的局面,那么就需要配置统一的、具备跨平台能力的零部件数据资源库,将标准件库和外购件库内的模型数据以 CAD 原始数据格式导出到三维构型系统当中去。

三、基本技术

基本技术主要包括交互技术、图形变换技术、曲面造型和实体造型技术等。

在计算机辅助设计中,交互技术是必不可少的。交互式 CAD 系统,指用户在使用计算机系统进行设计时,人和机器可以及时地交换信息。采用交互式系统,人们可以边构思 、边打样、边修改,随时可从图形终端屏幕上看到每一步操作的显示结果,非常直观。

图形变换的主要功能是把用户坐标系和图形输出设备的坐标系联系起来;对图形作平移、旋转、缩放、透视变换 ;通过矩阵运算来实现图形变换。

计算机设计自动化计算机自身的 CAD,旨在实现计算机自身设计和研制过程的自动化或半自动化。研究内容包括功能设计自动化和组装设计自动化,涉及计算机硬件描述语言、系统级模拟、自动逻辑综合、逻辑模拟、微程序设计自动化、自动逻辑划分、自动布局布线,以及相应的交互图形系统和工程数据库系统。集成电路 CAD 有时也列入计算机设计自动化的范围。

四、功能分类

1. 系统功能

(1)设计组件重用。

(2)简易的设计修改和版本控制功能。

(3)设计的标准组件的自动产生。

(4)设计是否满足要求和实际规则的检验。

(5)无需建立物理原型的设计模拟。

(6)装配件(一堆零件或者其他装配件)的自动设计。

(7)工程文档的输出,例如制造图纸,材料明细表。

(8)设计到生产设备的直接输出。

(9)到快速原型或快速制造工业原型的机器的直接输出。

2. 基本功能

二维 CAD 目前比较流行的是 AutoCAD,下面以 AutoCAD 为例简单介绍一下二维 CAD 的基本功能。

(1)平面绘图:能以多种方式创建直线、圆、椭圆、多边形、样条曲线等基本图形对象。

(2)绘图辅助工具:提供了正交、对象捕捉、极轴追踪、捕捉追踪等绘图辅助工具。正交功能使用户可以很方便地绘制水平、竖直直线,对象捕捉可帮助拾取几何对象上的特殊点,而追踪功能使画斜线及沿不同方向定位点变得更加容易。

(3)编辑图形:CAD 具有强大的编辑功能,可以移动、复制、旋转、阵列、拉伸、延长、修剪、缩放对象等。

(4)标注尺寸:可以创建多种类型尺寸,标注外观可以自行设定。

(5)书写文字:能轻易在图形的任何位置、沿任何方向书写文字,可设定文字字体、倾斜角度及宽度缩放比例等属性。

(6)图层管理功能:图形对象都位于某一图层上,可设定图层颜色、线型、线宽等特性。

(7)三维绘图:可创建 3D 实体及表面模型,能对实体本身进行编辑。

(8)网络功能:可将图形在网络上发布,或是通过网络访问 AutoCAD 资源。

(9)数据交换:提供了多种图形图像数据交换格式及相应命令。

五、绘图技法

(一)遵循作图原则

为了提高作图速度,用户最好遵循如下的作图原则:

(1)作图步骤:设置图幅→设置单位及精度→建立若干图层→设置对象样式→开始绘图。

(2)绘图始终使用1:1比例。为改变图样的大小,可在打印时于图纸空间内设置不同的打印比例。

(3)为不同类型的图元对象设置不同的图层、颜色及线宽,而图元对象的颜色、线型及线宽都应由图层控制(BYLAYER)。

(4)需精确绘图时,可使用栅格捕捉功能,并将栅格捕捉间距设为适当的数值。

(5)不要将图框和图形绘在同一幅图中,应在布局(LAYOUT)中将图框按块插入,然后打印出图。

(6)对于有名对象,如视图、图层、图块、线型、文字样式、打印样式等,命名时不仅要简明,而且要遵循一定的规律,以便于查找和使用。

(7)将一些常用设置,如图层、标注样式、文字样式、栅格捕捉等内容设置在一图形模板文件中(即另存为□.DWF 文件),以后绘制新图时,可在创建新图形向导中单击"使用模板"来打开它,并开始绘图。

(二)选用合适的命令

用户能够驾驭 CAD,是通过向它发出一系列的命令实现的。CAD 接到命令后,会立即执行该命令并完成其相应的功能。在具体操作过程中,尽管可有多种途径能够达到同样的目的,但如果命令选用得当,则会明显减少操作步骤,提高绘图效率。下面仅列举了几个较典型的案例。

1. 生成直线或线段

(1)在 CAD 中,使用 LINE、XLINE、RAY、PLINE、MLINE 命令均可

生成直线或线段,但唯有 LINE 命令使用的频率最高,也最为灵活。

(2)为保证物体三视图之间"长对正、宽相等、高平齐"的对应关系,应选用 XLINE 和 RAY 命令绘出若干条辅助线,然后再用 TRIM 剪截掉多余的部分。

(3)欲快速生成一条封闭的填充边界,或想构造一个面域,则应选用 PLINE 命令。用 PLINE 生成的线段可用 PEDIT 命令进行编辑。

(4)当一次生成多条彼此平行的线段,且各条线段可能使用不同的颜色和线型时,可选择 MLINE 命令。

2. 注释文本

(1)在使用文本注释时,如果注释中的文字具有同样的格式,注释又很短,则选用 TEXT(DTEXT)命令。

(2)当需要书写大段文字,且段落中的文字可能具有不同格式,如字体、字高、颜色、专用符号、分子式等,则应使用 MTEXT 命令。

3. 复制图形或特性

(1)在同一图形文件中,若将图形只复制一次,则应选用 COPY 命令。

(2)在同一图形文件中,将某图形随意复制多次,则应选用 COPY 命令的 MULTIPLE(重复)选项;或者,使用 COPYCLIP(普通复制)或 COPYBASE(指定基点后复制)命令将需要的图形复制到剪贴板,然后再使用 PASTECLIP(普通粘贴)或 PASTEBLOCK(以块的形式粘帖)命令粘帖到多处指定的位置。

(3)在同一图形文件中,如果复制后的图形按一定规律排列,如形成若干行若干列,或者沿某圆周(圆弧)均匀分布,则应选用 ARRAY 命令。

(4)在同一图形文件中,欲生成多条彼此平行、间隔相等或不等的线条,或者生成一系列同心椭圆(弧)、圆(弧)等,则应选用 OFFSET 命令。

(5)在同一图形文件中,如果需要复制的数量相当大,为了减少文件的大小,或便于日后统一修改,则应把指定的图形用 BLOCK 命令定义为块,再选用 INSERT 或 MINSERT 命令将块插入即可。

(6)在多个图形文档之间复制图形,可采用两种办法。其一,使用命令操作。先在打开的源文件中使用 COPYCLIP 或 COPYBASE 命令将图形复制到剪贴板中,然后在打开的目的文件中用 PASTECLIP、PASTEBLOCK 或 PASTEORIG 三者之一将图形复制到指定位置。这与在快捷菜单中选择相应的选项是等效的。其二,用鼠标直接拖拽被选图形。注意:在同一图形文件中拖拽只能是移动图形,而在两个图形文档之间拖拽才是复制图形。拖拽时,鼠标指针一定要指在选定图形的图线上而不是指在图线的夹点上。同时还要注意的是,用左键拖拽与用右键拖拽是有区别的。用左键是直接进行拖拽,而用右键拖拽时会弹出一快捷菜单,依据菜单提供的选项选择不同方式进行复制。

(7)在多个图形文档之间复制图形特性,应选用 MATCHPROP 命令(需与 PAINTPROP 命令匹配)。

六、适用范围

CAD 首先它是一个可视化的绘图软件,许多命令和操作可以通过菜单选项和工具按钮等多种方式实现。而且具有丰富的绘图和绘图辅助功能,在设计中通常要用计算机对不同方案进行大量的计算、分析和比较,以决定最优方案;各种设计信息,不论是数字的、文字的或图形的,都能存放在计算机的内存或外存里,并能快速地检索;设计人员通常用草图开始设计,将草图变为工作图的繁重工作可以交给计算机完成;由计算机自动产生的设计结果,可以快速作出图形,使设计人员及时对设计作出判断和修改;利用计算机可以进行与图形的编辑、放大、缩小、平移和旋转等有关的图形数据加工工作。其次它不仅在二维绘图处理更加成熟,三维功能也更加完善,可方便地进行建模和渲染。

工程制图主要运用于建筑工程、装饰设计、环境艺术设计、水电工程、土木施工等。

第二节　计算机制图文件

计算机制图文件可分为工程图库文件和工程图纸文件。工程图库文件可在一个以上的工程中重复使用;工程图纸文件只能在一个工程中使用。建立合理的文件目录结构,可对计算机制图文件进行有效的管理和利用。

一、工程图纸编号

1. 工程图纸编号规定

(1)工程图纸根据不同的子项(区段)、专业、阶段等进行编排,宜按照设计总说明、平面图、立面图、剖面图、详图、清单、简图等的顺序编号。

（2）工程图纸编号应使用汉字、数字和连字符"-"的组合。

（3）在同一工程中,应使用统一的工程图纸编号格式,工程图纸编号应自始至终保持不变。

2. 工程图纸编号格式

（1）工程图纸编号可由区段代码、专业缩写代码、阶段代码、类型代码、序列号、更改代码和更改版本序列号等组成（图9-1）,其中区段代码、类型代码、更改代码和更改版本序列号可根据需要设置。区段代码与专业缩写代码、阶段代码与类型代码、序列号与更改代码之间用连字符"-"分隔开。

（2）区段代码用于工程规模较大、需要划分子项或分区段时,区别不同的子项或分区,由2～4个汉字和数字组成。

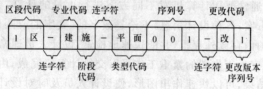

图9-1　工程图纸编号格式

（3）专业缩写代码用于说明专业类别,由1个汉字组成,如暖通空调专业专业代码名称为暖,英文专业代码名称用 M 表示,包含采暖、通风、空调、机械等内容。

（4）阶段代码用于区别不同的设计阶段,由1个汉字组成;表9-1所列出的为常用阶段代码。

表9-1　　　　　　　　　　常用阶段代码列表

设计阶段	阶段代码名称	英文阶段代码名称	备　　注
可行性研究	可	S	含预可行性研究阶段
方案设计	方	C	—
初步设计	初	P	含扩大初步设计阶段
施工图设计	施	W	—

（5）类型代码用于说明工程图纸的类型,由2个字符组成;宜选用

表 9-2 所列出的常用类型代码。

表 9-2　　　　　　　　常用类型代码列表

工程图纸文件类型	类型代码名称	英文类型代码名称
图纸目录	目录	CL
设计总说明	说明	NT
楼层平面图	平面	FP
场区平面图	场区	SP
拆除平面图	拆除	DP
设备平面图	设备	QP
现有平面图	现有	XP
立面图	立面	EL
剖面图	剖面	SC
大样图(大比例视图)	大样	LS
详图	详图	DT
三维视图	三维	3D
清单	清单	SH
简图	简图	DG

(6)序列号用于标识同一类图纸的顺序,由 001～999 之间的任意 3 位数字组成。

(7)更改代码用于标识某张图纸的变更图,用汉字"改"表示。

(8)更改版本序列号用于标识变更图的版次,由 1～9 之间的任意 1 位数字组成。

二、计算机制图文件命名

1. 工程图纸文件命名规定

(1)工程图纸文件可根据不同的工程、子项或分区、专业、图纸类型等进行组织,命名规则应具有一定的逻辑关系,便于识别、记忆、操作和检索。

(2)工程图纸文件名称应使用拉丁字母、数字、连字符"-"和井字符

"♯"的组合。

（3）在同一工程中，应使用统一的工程图纸文件名称格式，工程图纸文件名称应自始至终保持不变。

2. 工程图纸文件命名格式

（1）工程图纸文件名称可由工程代码、专业代码、类型代码、用户定义代码和文件扩展名组成（图 9-2），其中工程代码和用户定义代码可根据需要设置。专业代码与类型代码之间用连字符"-"分隔开；用户定义代码与文件扩展名之间用小数点"·"分隔开。

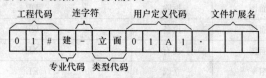

图 9-2　工程图纸文件命名格式

（2）工程代码用于说明工程、子项或区段，可由 2～5 个字符和数字组成。

（3）专业代码用于说明专业类别，暖通空调专业代码用 M 表示。

（4）类型代码宜选用表 9-2 所列出的常用类型代码。

（5）用户定义代码用于说明工程图纸文件的类型，宜由 2～5 个字符和数字组成，其中前两个字符为标识同一类图纸文件的序列号，后两位字符表示工程图纸文件变更的范围与版次（图 9-3）。

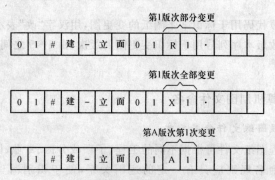

图 9-3　工程图纸文件变更范围与版次表示

(6)小数点后的文件扩展名由创建工程图纸文件的计算机制图软件定义,由 3 个字符组成。

3. 工程图库文件命名

(1)工程图库文件应根据建筑体系、组装需要或用法等进行分类,并应便于识别、记忆、操作和检索。

(2)工程图库文件名称应使用拉丁字母和数字的组合。

(3)在特定工程中使用工程图库文件,应将该工程图库文件复制到特定工程的文件夹中,并应更名为与特定工程相适合的工程图纸文件名。

三、计算机制图文件夹

(1)计算机制图文件夹宜根据工程、设计阶段、专业、使用人和文件类型等进行组织。计算机制图文件夹的名称可由用户或计算机制图软件定义,并应在工程上具有明确的逻辑关系,便于识别、记忆、管理和检索。

(2)计算机制图文件夹名称可使用汉字、拉丁字母、数字和连字符"-"的组合,但汉字与拉丁字母不得混用。

(3)在同一工程中,应使用统一的计算机制图文件夹命名格式,计算机制图文件夹名称应自始至终保持不变,且不得同时使用中文和英文的命名格式。

(4)为满足协同设计的需要,可分别创建工程、专业内部的共享与交换文件夹。

四、计算机制图文件的使用与管理

(1)工程图纸文件应与工程图纸一一对应,以保证存档时工程图纸与计算机制图文件的一致性。

(2)计算机制图文件宜使用标准化的工程图库文件。

(3)文件备份应符合下列规定:

1)计算机制图文件应及时备份,避免文件及数据的意外损坏、丢失等;

2)计算机制图文件备份的时间和份数可根据具体情况自行确定,宜每日或每周备份一次。

（4）应采取定期备份、预防计算机病毒、在安全的设备中保存文件的副本、设置相应的文件访问与操作权限、文件加密，以及使用不间断电源（UPS）等保护措施，对计算机制图文件进行有效保护。

（5）计算机制图文件应及时归档。

（6）不同系统间图形文件交换应符合现行国家标准《工业自动化系统与集成　产品数据表达与交换》(GB/T 16656)的规定。

五、协同设计与计算机制图文件

（1）协同设计的计算机制图文件组织应符合下列规定：

1）采用协同设计方式，应根据工程的性质、规模、复杂程度和专业需要，合理、有序地组织计算机制图文件，并应据此确定设计团队成员的任务分工；

2）采用协同设计方式组织计算机制图文件，应以减少或避免设计内容的重复创建和编辑为原则，条件许可时，宜使用计算机制图文件参照方式；

3）为满足专业之间协同设计的需要，可将计算机制图文件划分为各专业共用的公共图纸文件、向其他专业提供的资料文件和仅供本专业使用的图纸文件；

4）为满足专业内部协同设计的需要，可将本专业的一个计算机制图文件分解为若干零件图文件，并建立零件图文件与组装图文件之间的联系。

（2）协同设计的计算机制图文件参照应符合下列规定：

1）在主体计算机制图文件中，可引用具有多级引用关系的参照文件，并允许对引用的参照文件进行编辑、剪裁、拆离、覆盖、更新、永久合并的操作；

2）为避免参照文件的修改引起主体计算机制图文件的变动，主体计算机制图文件归档时，应将被引用的参照文件与主体计算机制图文件永久合并(绑定)。

第三节 计算机制图文件图层

一、图层命名

(1)图层可根据不同用途、设计阶段、属性和使用对象等进行组织,在工程上应具有明确的逻辑关系,便于识别、记忆、软件操作和检索。

(2)图层名称可使用汉字、拉丁字母、数字和连字符"-"的组合,但汉字与拉丁字母不得混用。

(3)在同一工程中,应使用统一的图层命名格式,图层名称应自始至终保持不变,且不得同时使用中文和英文的命名格式。

二、图层命名格式要求

(1)图层命名应采用分级形式,每个图层名称由2~5个数据字段(代码)组成,第一级为专业代码,第二级为主代码,第三、四级分别为次代码1和次代码2,第五级为状态代码;其中第三级~第五级可根据需要设置;每个相邻的数据字段用连字符"-"分隔开。

(2)专业代码用于说明专业类别,暖通空调专业用英文字母M表示。

(3)主代码用于详细说明专业特征,主代码可以和任意的专业代码组合。

(4)次代码1和次代码2用于进一步区分主代码的数据特征,次代码可以和任意的主代码组合。

(5)状态代码用于区分图层中所包含的工程性质或阶段;状态代码不能同时表示工程状态和阶段,宜选用表9-3所列出的常用状态代码。

表 9-3   常用状态代码列表

工程性质或阶段	状态代码名称	英文状态代码名称	备 注
新建	新建	N	—
保留	保留	E	—
拆除	拆除	D	—
拟建	拟建	F	—

（续）

工程性质或阶段	状态代码名称	英文状态代码名称	备　注
临时	临时	T	—
搬迁	搬迁	M	—
改建	改建	R	—
合同外	合同外	X	—
阶段编号	—	1~9	
可行性研究	可研	S	阶段名称
方案设计	方案	C	阶段名称
初步设计	初步	P	阶段名称
施工图设计	施工图	W	阶段名称

（6）中文图层名称宜采用图9-4的格式，每个图层名称由2~5个数据字段组成，每个数据字段为1~3个汉字，每个相邻的数据字段用连字符"-"分隔开。

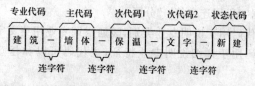

图9-4　中文图层命名格式

（7）英文图层名称宜采用图9-5的格式，每个图层名称由2~5个数据字段组成，每个数据字段为1~4个字符，每个相邻的数据字段用连字符"-"分隔开；其中专业代码为1个字符，主代码、次代码1和次代码2为4个字符，状态代码为1个字符。

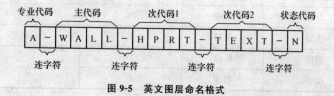

图9-5　英文图层命名格式

(8)暖通空调工程专业图层名称宜选用表 9-4 所列出的常用图层名称。

表 9-4 常用暖通空调专业图层名称列表

图层	中文名称	英文名称	备 注
轴线	暖通-轴线	M-AXIS	—
轴网	暖通-轴线-轴网	M-AXIS-GRID	平面轴网、中心线
轴线标注	暖通-轴线-标注	M-AXIS-DIMS	轴线尺寸标注及文字标注
轴线编号	暖通-轴线-编号	M-AXIS-TEXT	—
空调系统	暖通-空调	M-HVAC	—
冷水供水管	暖通-空调-冷水-供水	M-HVAC-CPIP-SUPP	—
冷水回水管	暖通-空调-冷水-回水	M-HVAC-CPIP-RETN	—
热水供水管	暖通-空调-热水-供水	M-HVAC-HPIP-SUPP	—
热水回水管	暖通-空调-热水-回水	M-HVAC-HPIP-RETN	—
冷热水供水管	暖通-空调-冷热-供水	M-HVAC-RISR-SUPP	—
冷热水回水管	暖通-空调-冷热-回水	M-HVAC-RISR-RETN	—
冷凝水管	暖通-空调-冷凝	M-HVAC-CNDW	—
冷却水供水管	暖通-空调-冷却-供水	M-HVAC-CWTR-SUPP	—
冷却水回水管	暖通-空调-冷却-回水	M-HVAC-CWTR-RETN	—
冷媒供液管	暖通-空调-冷媒-供水	M-HVAC-CMDM-SUPP	—

（续一）

图层	中文名称	英文名称	备　注
冷媒回水管	暖通-空调-冷媒-回水	M-HVAC-CMDM-RETN	—
热媒供水管	暖通-空调-热媒-供水	M-HVAC-HMDM-SUPP	—
热媒回水管	暖通-空调-热媒-回水	M-HVAC-HMDM-RETN	—
蒸汽管	暖通-空调-蒸汽	M-HVAC-STEM	—
空调设备	暖通-空调-设备	M-HVAC-EQPM	空调水系统阀门及其他配件
空调标注	暖通-空调-标注	M-HVAC-IDEN	空调水系统文字标注
通风系统	暖通-通风	M-DUCT	—
送风风管	暖通-通风-送风-风管	M-DUCT-SUPP-PIPE	—
送风风管中心线	暖通-通风-送风-中线	M-DUCT-SUPP-CNTR	—
送风风口	暖通-通风-送风-风口	M-DUCT-SUPP-VENT	—
送风立管	暖通-通风-送风-立管	M-DUCT-SUPP-VPIP	—
送风设备	暖通-通风-送风-设备	M-DUCT-SUPP-EQPM	送风阀门、法兰及其他配件
送风标注	暖通-通风-送风-标注	M-DUCT-SUPP-IDEN	送风风管标高、尺寸、文字等标注
回风风管	暖通-通风-回风-风管	M-DUCT-RETN-PIPE	—
回风风管中心线	暖通-通风-回风-中线	M-DUCT-RETN-CNTR	—

（续二）

图层	中文名称	英文名称	备 注
回风风口	暖通-通风-回风-风口	M-DUCT-RETN-VENT	—
回风立管	暖通-通风-回风-立管	M-DUCT-RETN-VPIP	—
回风设备	暖通-通风-回风-设备	-M-DUCT-RETN-EQPM	回风阀门、法兰及其他配件
回风标注	暖通-通风-回风-标注	M-DUCT-RETN-IDEN	回风风管标高、尺寸、文字等标注
新风风管	暖通-通风-新风-风管	M-DUCT MKUP-PIPE	—
新风风管中心线	暖通-通风-新风-中线	M-DUCT-MKUP-CNTR	—
新风风口	暖通-通风-新风-风口	M-DUCT-MKUP-VENT	—
新风立管	暖通-通风-新风-立管	M-DUCT-MKUP-VPIP	—
新风设备	暖通-通风-新风-设备	M-DUCT-MKUP-EQPM	新风阀门、法兰及其他配件
新风标注	暖通-通风-新风-标注	M-DUCT-MKUP-IDEN	新风风管标高、尺寸、文字等标注
除尘风管	暖通-通风-除尘-风管	M-DUCT-PVAC-PIPE	—
除尘风管中心线	暖通-通风-除尘-中线	M-DUCT-PVAC-CNTR	—
除尘风口	暖通-通风-除尘-风口	M-DUCT-PVAC-VENT	—

（续三）

图层	中文名称	英文名称	备　注
除尘立管	暖通-通风-除尘-立管	M-DUCT-PVAC-VPIP	—
除尘设备	暖通-通风-除尘-设备	M-DUCT-PVAC-EQPM	除尘阀门、法兰及其他配件
除尘标注	暖通-通风-除尘-标注	M-DUCT-PVAC-IDEN	除尘风管标高、尺寸、文字等标注
排风风管	暖通-通风-排风-风管	M-DUCT-EXHS-PIPE	—
排风风管中心线	暖通-通风-排风-中线	M-DUCT-EXHS-CNTR	—
排风风口	暖通-通风-排风-风口	M-DUCT-EXHS-VENT	—
排风立管	暖通-通风-排风-立管	M-DUCT-EXHS-VPIP	—
排风设备	暖通-通风-排风-设备	M-DUCT-EXHS-EQPM	排风阀门、法兰及其他配件
排风标注	暖通-通风-排风-标注	M-DUCT-EXHS-IDEN	排风风管标高、尺寸、文字等标注
排烟风管	暖通-通风-排烟-风管	M-DUCT-DUST-PIPE	—
排烟风管中心线	暖通-通风-排烟-中线	M-DUCT-DUST-CNTR	—
排烟风口	暖通-通风-排烟-风口	M-DUCT-DUST-VENT	—
排烟立管	暖通-通风-排烟-立管	M-DUCT-DUST-VPIP	—

（续四）

图层	中文名称	英文名称	备　注
排烟设备	暖通-通风-排烟-设备	M-DUCT-DUST-EQPM	排烟阀门、法兰及其他配件
排烟标注	暖通-通风-排烟-标注	M-DUCT-DUST-IDEN	排烟风管标高、尺寸、文字等标注
消防风管	暖通-通风-消防-风管	M-DUCT-FIRE-PIPE	—
消防风管中心线	暖通-通风-消防-中线	M-DUCT-FIRE-CNTR	—
消防风口	暖通-通风-消防-风口	M-DUCT-FIRE-VENT	—
消防立管	暖通-通风-消防-立管	M-DUCT-FIRE-VPIP	—
消防设备	暖通-通风-消防-设备	M-DUCT-FIRE-EQPM	消防阀门、法兰及其他配件
消防标注	暖通-通风-消防-标注	M-DUCT-FIRE-IDEN	消防风管标高、尺寸、文字等标注
采暖系统	暖通-采暖	M-HOTW	—
供水管	暖通-采暖-供水	M-HOTW-SUPP	
供水立管	暖通-采暖-供水-立管	M-HOTW-SUPP-VPIP	—
供水支管	暖通-采暖-供水-支管	M-HOTW-SUPP-LATL	—
供水设备	暖通-采暖-供水-设备	M-HOTW-SUPP-EQPM	供水阀门及其他配件
供水标注	暖通-采暖-供水-标注	M-HOTW-SUPP-IDEN	供水管标高、尺寸、文字等标注
回水管	暖通-采暖-回水	M-HOTW-RETN	—

（续五）

图层	中文名称	英文名称	备　　注
回水立管	暖通-采暖-回水-立管	M-HOTW-RETN-VPIP	—
回水支管	暖通-采暖-回水-支管	M-HOTW-RETN-LATL	—
回水设备	暖通-采暖-回水-设备	M-HOTW-RETN-EQPM	回水阀门及其他配件
回水标注	暖通-采暖-回水-标注	M-HOTW-RETN-IDEN	回水管标高、尺寸、文字等标注
散热器	暖通-采暖-散热器	M-HOTW-RDTR	—
平面地沟	暖通-采暖-地沟	M-HOTW-UNDR	—
注释	暖通-注释	M-ANNO	—
图框	暖通-注释-图框	M-ANNO-TTLB	图框及图框文字
图例	暖通-注释-图例	M-ANNO-LEGN	图例与符号
尺寸标注	暖通-注释-标注	M-ANNO-DIMS	尺寸标注及文字标注
文字说明	暖通-注释-文字	M-ANNO-TEXT	暖通专业文字说明
公共标注	暖通-注释-公共	M-ANNO-IDEN	
标高标注	暖通-注释-标高	M-ANNO-ELVT	标高符号及文字标注
表格	暖通-注释-表格	M-ANNO-TABL	—

第四节　计算机制图规则

一、计算机制图的方向与指北针

（1）平面图与总平面图的方向宜保持一致。

（2）绘制正交平面图时，宜使定位轴线与图框边线平行（图 9-6）。

（3）绘制由几个局部正交区域组成且各区域相互斜交的平面图时，可选择其中任意一个正交区域的定位轴线与图框边线平行（图 9-7）。

（4）指北针应指向绘图区的顶部（图 9-6），并在整套图纸中保持一致。

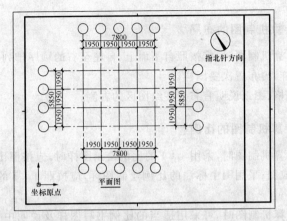

图 9-6　正交平面图制图方向与指北针方向示意

二、计算机制图的坐标系与原点

（1）计算机制图时，可选择世界坐标系或用户定义坐标系。

（2）绘制总平面图工程中有特殊要求的图样时，也可使用大地坐标系。

（3）坐标原点的选择，宜使绘制的图样位于横向坐标轴的上方和纵向坐标轴的右侧并紧邻坐标原点（图 9-6、图 9-7）。

（4）在同一工程中，各专业应采用相同的坐标系与坐标原点。

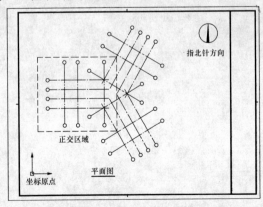

图 9-7　正交区域相互斜交的平面图制图方向与指北针方向示意

三、计算机制图的布局

(1)计算机制图时,宜按照自下而上、自左至右的顺序排列图样;宜布置主要图样,再布置次要图样。

(2)表格、图纸说明宜布置在绘图区的右侧。

四、计算机制图的比例

(1)计算机制图时,采用 1∶1 的比例绘制图样时,应按照图中标注的比例打印成图;采用图中标注的比例绘制图样,应按照 1∶1 的比例打印成图。

(2)计算机制图时,可采用适当的比例书写图样及说明中文字,但打印成图时应符合本书第三章第一节二、中 2. 字体(2)～(7)的规定。

附录　建筑工程设计文件
编制深度规定

建质〔2003〕84 号

关于颁布《建筑工程设计文件编制深度规定》(2003 年版)的通知

各省、自治区建设厅,直辖市建委,国务院各有关部门:

　　为进一步贯彻《建设工程质量管理条例》和《建设工程勘察设计管理条例》,确保建筑工程设计质量,我部组织中南建筑设计院(主编)等单位编制了《建筑工程设计文件编制深度规定》(2003 年版),经审查,现批准颁布,自 2003 年 6 月 1 日起施行;原《建筑工程设计文件编制深度的规定》(1992 年版)和建设部《关于印发〈城市建筑方案设计竞选管理试行办法〉的通知》(建设〔1995〕230 号)所附的《城市建筑方案设计文件编制深度规定》,自 2003 年 6 月 1 日起同时废止。

中华人民共和国建设部

二〇〇三年四月二十一日

《建筑工程设计文件编制深度规定》(通风与空气调节部分节选)

3　初步设计

3.8.1　采暖通风与空气调节初步设计应有设计说明书,除小型、简单工程外,初步设计还应包括设计图纸、设备表及计算书。

3.8.2　设计说明

1　设计依据

1)与本专业有关的批准文件和建设方要求;

2)本工程采用的主要法规和标准;

3)其他专业提供的本工程设计资料等。

2　设计范围

根据设计任务书和有关设计资料,说明本专业设计的内容和分工。

3　设计计算参数

1)室外空气计算参数。

2)室内空气设计参数(参见表 3.8.1)。

表 3.8.1　　　　　　　　　　室内空气设计参数

房间名称	夏季		冬季		新风量标准	噪声标准
	温度℃	相对湿度%	温度℃	相对湿度%	m³/h·人	dB(A)

注:温度、相对湿度采用基准值,如有设计精度要求时,按±℃、%表示幅度。

4　采暖

1)采暖热负荷;

2)叙述热源状况、热媒参数、室外管线及系统补水与定压;

3)采暖系统形式及管道敷设方式;

4)采暖分户热计量及控制;

5)采暖设备、散热器类型、管道材料及保温材料的选择。

5　空调

1)空调冷、热负荷;

2)空调系统冷源及冷媒选择,冷水、冷却水参数;

3)空调系统热源供给方式及参数;

4)空调风、水系统简述,必要的气流组织说明;

5)监测与控制简述;

6)空调系统的防火技术措施;

7)管道的材料及保温材料的选择;

8)主要设备的选择。

6　通风

1)需要通风的房间或部位;

2)通风系统的形式和换气次数;

3)通风系统设备的选择和风量平衡;

4)通风系统的防火技术措施。

7　防烟、排烟

1)防烟及排烟简述;

2)防烟楼梯间及其前室、消防电梯前室或合用前室以及封闭式避难层(间)的防烟设施和设备选择;

3)中庭、内走道、地下室等,需要排烟房间的排烟设施和设备选择;

4)防烟、排烟系统风量叙述,需要说明的控制程序。

8　需提请在设计审批时解决或确定的主要问题。

3.8.3 设备表:列出主要设备的名称、型号、规格、数量等(参见表3.8.3)。

表 3.8.3　　　　　　　　　　设备表

设备编号	名　　称	型号、规格	单位	数量	备　　注

注:型号、规格栏应注明主要技术数据。

3.8.4 设计图纸

1 采暖通风与空气调节初步设计图纸一般包括图例、系统流程图、主要平面图。除较复杂的空调机房外,各种管道可绘单线图。

2 系统流程图应表示热力系统、制冷系统、空调水路系统、必要的空调风路系统、防排烟系统、排风、补风等系统的流程和上述系统的控制方式。

注:必要的空调风路系统是指有较严格的净化和温湿度要求的系统。当空调风路系统、防排烟系统、排风、补风等系统跨越楼层不多,且在平面图中可较完整地表示系统时,可只绘制平面图,不绘制系统流程图。

3 采暖平面图

绘出散热器位置、采暖干管的入口、走向及系统编号。

4 通风、空调和冷热源机房平面图

绘出设备位置、管道走向、风口位置、设备编号及连接设备机房的主要管道等,大型复杂工程还应注出大风管的主要标高和管径,管道交叉复杂处需绘局部剖面。

3.8.5 计算书(供内部使用)

对于采暖通风与空调工程的热负荷、冷负荷、风量、空调冷热水量、冷却水量、管径、主要风道尺寸及主要设备的选择,应做初步计算。

4 施工图设计

4.7 采暖通风与空气调节

4.7.1 在施工图设计阶段,采暖通风与空气调节专业设计文件应包括图纸目录、设计与施工说明、设备表、设计图纸、计算书。

4.7.2 图纸目录

先列新绘图纸,后列选用的标准图或重复利用图。

4.7.3 设计说明和施工说明

1 设计说明

应介绍设计概况和暖通空调室内外设计参数;热源、冷源情况;热媒、冷媒参数;采暖热负荷、耗热量指标及系统总阻力;空调冷热负荷、冷热量指标,系统形式和控制方法,必要时,需说明系统的使用操作要点,例如空调系统季节转换,防排烟系统的风路转换等。

2 施工说明

应说明设计中使用的材料和附件,系统工作压力和试压要求;施工安装要求及注意事项。采暖系统还应说明散热器型号。

3　图例

4　当本专业的设计内容分别由两个或两个以上的单位承担设计时，应明确交接配合的设计分工范围。

4.7.4　设备表（参见表 3.8.3），施工图阶段，型号、规格栏应注明详细的技术数据。

4.7.5　平面图

1　绘出建筑轮廓、主要轴线号、轴线尺寸、室内外地面标高、房间名称。底层平面图上绘出指北针。

2　采暖平面绘出散热器位置，注明片数或长度，采暖干管及立管位置、编号；管道的阀门、放气、泄水、固定支架、伸缩器、入口装置、减压装置、疏水器、管沟及检查人孔位置。注明干管管径及标高。

3　二层以上的多层建筑，其建筑平面相同的，采暖平面二层至顶层可合用一张图纸，散热器数量应分层标注。

4　通风、空调平面用双线绘出风管，单线绘出空调冷热水、凝结水等管道。标注风管尺寸、标高及风口尺寸（圆形风管注管径、矩形风管注宽×高），标注水管管径及标高；各种设备及风口安装的定位尺寸和编号；消声器、调节阀、防火阀等各种部件位置及风管、风口的气流方向。

5　当建筑装修未确定时，风管和水管可先出单线走向示意图，注明房间送、回风量或风机盘管数量、规格。建筑装修确定后，应按规定要求绘制平面图。

4.7.6　通风、空调剖面图

1　风管或管道与设备连接交叉复杂的部位，应绘剖面图或局部剖面。

2　绘出风管、水管、风口、设备等与建筑梁、板、柱及地面的尺寸关系。

3　注明风管、风口、水管等的尺寸和标高，气流方向及详图索引编号。

4.7.7　通风、空调、制冷机房平面图

1　机房图应根据需要增大比例，绘出通风、空调、制冷设备（如冷水机组、新风机组、空调器、冷热水泵、冷却水泵、通风机、消声器、水箱等）的轮廓位置及编号,注明设备和基础距离墙或轴线的尺寸。

　　2　绘出连接设备的风管、水管位置及走向;注明尺寸、管径、标高。

　　3　标注机房内所有设备、管道附件(各种仪表、阀门、柔性短管、过滤器等)的位置。

　　4.7.8　通风、空调、制冷机房剖面图

　　1　当其他图纸不能表达复杂管道相对关系及竖向位置时,应绘制剖面图。

　　2　剖面图应绘出对应于机房平面图的设备、设备基础、管道和附件的竖向位置、竖向尺寸和标高。标注连接设备的管道位置尺寸;注明设备和附件编号以及详图索引编号。

　　4.7.9　系统图、立管图

　　1　分户热计量的户内采暖系统或小型采暖系统,当平面图不能表示清楚时应绘制透视图,比例宜与平面图一致,按45°或30°轴侧投影绘制;多层、高层建筑的集中采暖系统,应绘制采暖立管图,并编号。上述图纸应注明管径、坡向、标高、散热器型号和数量。

　　2　热力、制冷、空调冷热水系统及复杂的风系统应绘制系统流程图。系统流程图应绘出设备、阀门、控制仪表、配件,标注介质流向、管径及设备编号。流程图可不按比例绘制,但管路分支应与平面图相符。

　　3　空调的供冷、供热分支水路采用竖向输送时,应绘制立管图,并编号,注明管径、坡向、标高及空调器的型号。

　　4　空调、制冷系统有监测与控制时,应有控制原理图,图中以图例绘出设备、传感器及控制元件位置;说明控制要求和必要的控制参数。

　　4.7.10　详图

　　1　采暖、通风、空调、制冷系统的各种设备及零部件施工安装,应注明采用的标准图、通用图的图名图号。凡无现成图纸可选,且需要交代设计意图的,均需绘制详图。

　　2　简单的详图,可就图引出,绘局部详图;制作详图或安装复杂的详图应单独绘制。

　　4.7.11　计算书(供内部使用)

　　1　计算书内容视工程繁简程度,按照国家有关规定、规范及本单位技术措施进行计算。

2　采用计算机计算时,计算书应注明软件名称,附上相应的简图及输入数据。

3　采暖工程计算应包括以下内容:

1)建筑围护结构耗热量计算;

2)散热器和采暖设备的选择计算;

3)采暖系统的管径及水力计算;

4)采暖系统构件或装置选择计算,如系统补水与定压装置、伸缩器、疏水器等。

4　通风与防烟、排烟计算应包括以下内容:

1)通风量、局部排风量计算及排风装置的选择计算;

2)空气量平衡及热量平衡计算;

3)通风系统的设备选型计算;

4)风系统阻力计算;

5)排烟量计算;

6)防烟楼梯间及前室正压送风量计算;

7)防排烟风机、风口的选择计算。

5　空调、制冷工程计算应包括以下内容:

1)空调房间围护结构夏季、冬季的冷热负荷计算(冷负荷按逐时计算);

2)空调房间人体、照明、设备的散热、散湿量及新风负荷计算;

3)空调、制冷系统的冷水机组、冷热水泵、冷却水泵、冷却塔、水箱、水池、空调机组、消声器等设备的选型计算;

4)必要的气流组织设计与计算;

5)风系统阻力计算;

6)空调冷热水、冷却水系统的水力计算。

参 考 文 献

[1] 国家标准.GB/T 50001—2010 房屋建筑制图统一标准[S].北京:中国计划出版社,2011.

[2] 国家标准.GB/T 50103—2010 总图制图标准[S].北京:中国建筑工业出版社,2011.

[3] 国家标准.GB/T 50114—2010 暖通空调制图标准[S].北京:中国建筑工业出版社,2010.

[4] 霍明昕,刘江.怎样阅读水暖工程图[M].北京:中国建筑工业出版社,1998.

[5] 安装教材编写组.采暖工程[M].北京:中国建筑工业出版社,1991.

[6] 高远明,杜一明.建筑设备工程[M].北京:中国建筑工业出版社,1999.

[7] 高霞,潘旺林.建筑暖通空调施工识图速成与技法[M].南京:江苏科学技术出版社,2010.

[9] 闫成德.建筑装饰识图[M].北京:机械工业出版社,2006.